JN006583

入門 サイバーセキュリティ 理論と実験

～ 暗号技術・ネットワークセキュリティ・ ブロックチェーンから Python 実験まで ～

博士（情報科学）　面 和成　【著】

コロナ社

ま え が き

　サイバーセキュリティに関する優れた書籍は数多くあります。しかし，サイバーセキュリティの分野は非常に広範であるためか，サイバーセキュリティの理論から応用・実験までを扱う書籍は数少ないと感じます。また，「暗号技術」から「ネットワークセキュリティ」，さらには「ブロックチェーン」を一つの土俵で扱うような書籍も，決して多くはないと考えています。

　本書は，暗号技術およびネットワークセキュリティに関する理論と応用のトピックスに加えて，Python 等を使用した8種類のセキュリティ実験を盛り込んでおり，暗号技術とネットワークセキュリティの両面からサイバーセキュリティの理解の定着を図ります。想定する読者は，理工系の大学・大学院生に加えて，ICT（Information and Communication Technology）システムの構築・運用に携わる方々です。

　ブロックチェーンはデータの耐改ざん性を保証する暗号技術とデータの高可用性を保証するネットワークセキュリティに関連する新しい技術であり，近年はサイバーセキュリティの分野でも注目を集めています。ブロックチェーンを真に理解するには暗号技術とネットワークセキュリティの両面の理解が必須であり，本書はこれらの基本的な技術を学ぶことができるようになっています。

　本書では，まず1章においてさまざまなサイバー脅威を知ることによってサイバーセキュリティの重要性を理解し，2章でサイバーセキュリティの考え方や限界など，サイバーセキュリティの全体像を学びます。3章では，暗号や認証，秘密分散などに用いられる数学の基礎について学びます。4章以降では，サイバーセキュリティの具体的な話題をとりあげ，「暗号の基本技術（4章）」，「認証の基本技術（5章）」，「バイオメトリクス（6章）」，「秘密分散（7章）」，「ネットワーク侵入防御（8章）」，「統計的不正アクセス検知（9章）」，「VPN

(10 章)」,「暗号資産とブロックチェーン (11 章)」,「ブロックチェーンのセキュリティ (12 章)」を習得していきます。これまでのサイバーセキュリティに関する書籍が, これらのうちの一部をとりあげるだけであったのに対して, 本書はこれらの話題すべてを 1 冊の本にまとめて網羅的に扱っています。さらに, 上記のような幅広い話題を取り扱うだけでなく, Python 等を使用した 8 種類のセキュリティ実験についてコード例とともに掲載しています。本書のみでサイバーセキュリティとその周辺技術を体験し, 十分に理解ができるように配慮されていることが最大の長所といえるでしょう。

　本書の執筆にあたっては多くの方にご支援をいただきました。特に, コロナ社の皆様には大変お世話になりました。この場を借りて感謝致します。また, 面研究室の大学院生・大学生とのサイバーセキュリティの研究に関するこれまでの議論も本書の執筆に役立っています。最後に, 本書の出版に関係したすべての人に感謝致します。

2021 年 1 月

面　和成

本書の URL は, すべて 2021 年 1 月現在である。また, 本書に登場するソースコードはコロナ社書籍ページ https://www.coronasha.co.jp/np/isbn/9784339029178/ にて公開している。

目　　　次

1.　サイバー脅威

2.　サイバーセキュリティ概論

3. 数 学 的 準 備

4. 暗号の基本技術

5.　認証の基本技術

6.　バイオメトリクス

7.　秘　密　分　散

8.　ネットワーク侵入防御

9.　統計的不正アクセス検知

10. VPN

11. 暗号資産とブロックチェーン

12.　ブロックチェーンのセキュリティ

1章
サイバー脅威

　2014 年に米 Symantec の幹部である Brian Dye 氏が,「アンチウイルスソフトは死んだ」と発言し話題になった。これは, パターンマッチングを用いるアンチウイルスソフトがコンピュータウイルス等を効果的に防御できる時代は終わったということを告げており, **サイバー脅威**が高度に進化してきたことを意味する。サイバーセキュリティを考える際, まずはサイバー空間における脅威を知ることが重要である。さまざまなサイバー脅威を知ることによって, セキュリティ対策の重要性を真に理解できる。本章では, サイバー脅威について見ていく。

1.1　サイバー空間における基礎知識

サイバー空間を理解するうえで重要ないくつかの用語について説明する。

・**IP アドレス**:　インターネットは IP ネットワークが主となっている。IP アドレスは IP ネットワークにおける住所に相当し, IPv4 の場合は 8 ビット（1 バイト）単位で四つに区切ったもの（合計 32 ビット）を 10 進数で表記することが多い（例：192.168.1.1）。また, IP アドレスはネットワークアドレスとホストアドレスに分けられる。例えば, ネットワークアドレスが IP アドレスの先頭から 24 ビットである場合, IP アドレスは 192.168.1.0/24 と表記される。さらに,「192.168.1.1:80」のように IP アドレスとポート番号をコロンで連結して書く場合もある。ポート番号については後述する。

　IP アドレスは, グローバル IP アドレスとプライベート IP アドレス（ローカル IP アドレス）に大別できる。グローバル IP アドレスはインター

ネットで利用される IP アドレスで電話番号の外線のように考えることができ，インターネット上で一意に識別できる。一方，プライベート IP アドレスはイントラネットで利用される IP アドレスで電話番号の内線のように考えることができ，インターネットでは一意に識別できないものである。自身が使用しているパソコンの IP アドレスは容易に調べることができ，例えば Windows PC では，PowerShell 上で「ipconfig」のコマンドを用いることによって自身の IP アドレスを表示させることができる。

・**ドメイン名とホスト名**： IP アドレスだけでは，IP ネットワークのどこの場所を指しているのか人が見てわからないのに対して，ドメイン名は意味のある文字列によってどこの場所を指しているのかが見てわかるようになっている。つまり，ドメイン名は利便性を上げるための表記方法と考えることができる。ドメイン名は IP アドレスと同様に，IP ネットワークに接続されたコンピュータの住所に相当する。例えば，メールアドレス「abc@y1.ne.jp」や Web サイト「https://x1.y1.ne.jp」の場合，「y1.ne.jp」がドメイン名で，「x1」がホスト名となる。さらに，「x1.y1.ne.jp」の部分は FQDN（Fully Qualified Domain Name）と呼ばれる。

・**ポート番号**： ポート番号とは，IP ネットワークの通信においてサービスを識別するための番号である。一つのサーバにおいては複数のサービスが動作しているのが普通であり，その番号ごとにサービスの通信を分けることができる。例えば，Web サーバを立ち上げていた場合，HTTP 通信では 80 番 TCP ポートを使い，HTTPS 通信では 443 番 TCP ポートを使う。TCP（Transmission Control Protocol）とは，信頼性の高い通信を実現するために使用されるプロトコルである。

 ## 1.2 不正アクセス

不正アクセスとは，本来アクセス権限をもたない者がサーバや情報システムの内部へ侵入を行う行為である。不正アクセスを行う攻撃者は泥棒に似てい

る。例えば，泥棒はお金持ちの家に対して侵入できそうな箇所を事前調査し，その結果わかった弱点を利用して家に侵入し，金品を盗み，その後は発見を遅らせるために痕跡を消して立ち去る。不正アクセスにおいてもおおよそこれと同じことが行われる。

・**不正アクセスの手順**：　不正アクセスの手順は，**表 1.1** のとおり，おもに四つの基本ステップを踏むことが知られている。上記の泥棒の例と似通っていることがわかる。

表 1.1　不正アクセスの四つの基本ステップ

1.	事前調査	ポートスキャン・アドレススキャン（どの端末がどのようなサービスを利用しているかを調査）や脆弱性検査（サーバの OS やソフトウェアの種類・バージョンを調査）など
2.	権限奪取	脆弱性の利用やパスワードの不正入手によるサーバ等の利用権限の奪取
3.	攻撃実行	データの盗難や消去，踏み台，不正プログラムのインストールなど
4.	撤収処理	不正侵入のログ消去やバックドアの埋め込みなど

・**不正アクセスのシナリオ**：　不正アクセスのシナリオとしては大きく二つ考えられる。これらは泥棒のケースを考えても自然な分類となる。

(1)　標的型のサイバー脅威　　これは情報資産の多いコンピュータを狙い撃ちする攻撃であり，プライバシー情報を含む情報資産の窃取がおもな目的になる。泥棒で例えるなら，お金持ちの家に狙いを定めて金品を盗もうとすることに近い。ただし情報資産が多いコンピュータは一般にセキュリティ対策を強化しているため，高度な技術で侵入を行う必要がある。そこで，ソーシャルエンジニアリング[†]を駆使し，事前調査に時間をかけることも考えられる。例えば暗号資産 NEM の盗難事件では，攻撃者はコインチェック社の社員に接近して，メールや電話をするような仲になった後に悪意あるプログラムを送付してその社員の端末をマルウェアに感染させ，当時のレートで約 580 億円の NEM を管理している秘密鍵を窃取したと報告

---

†　人間の心理的な隙や行動のミスにつけ込んでパスワードなどの秘密情報を盗み出す方法を指す。

されている[1]†。

(2) 無差別型のサイバー脅威　これは脆弱性のあるコンピュータを手当たり次第に狙う攻撃であり，踏み台コンピュータ群からなるボットネットの形成がおもな目的になる。泥棒で例えるなら，お金があるかどうかは別として，とにかく侵入しやすい家を片っ端から狙っていくのに近い。このようなサイバー脅威は，たいていマルウェアを利用して機械的に侵入を試み，ネットワークスキャンしながらターゲットを探す。例えば，2016年に発見された Mirai ボットネットは数十万台から数百万台規模のネットワークを形成したといわれている[2]。

 1.3　権 限 奪 取

権限奪取とは，権限をもたない者がコンピュータや情報システムの内部に侵入する権限を奪うことである。ここでは，権限奪取するおもな方法として，パスワードクラックとバッファオーバーフローについて説明する。

1.3.1　パスワードクラック

パスワードはコンピュータや情報システムへのアクセスを制御する手段として頻繁に用いられるものであり，たいていの人が使ったことのあるものである。パスワードクラックとは，コンピュータや情報システムへ不正に侵入することを目的とし，パスワードを突き止めようとする攻撃のことである。

〔1〕 パスワードクラックの種類　パスワードクラックの種類は，オンライン攻撃とオフライン攻撃に大別される。

(1) オンラインでのパスワードクラック　これはネットワークに接続されたコンピュータに対してログインを試みる攻撃である。例えば，インターネットにおけるリモートアクセスに 22 番 TCP ポートを利用する **SSH**

---

†　肩付きの数字は，章末の引用・参考文献の番号を示す。

(Secure SHell) がある。インターネット上では，この 22 番ポートへのオンラインのパスワードクラックが頻繁に観測されている。

(2) オフラインでのパスワードクラック　　これはパスワードが関係するデータを手元で解析してパスワードを突き止めようとする攻撃である。例えば，機密情報を含む word や PDF ファイルにパスワードをかけて暗号化したうえで人に送付することがよくあるが，一度このファイルが攻撃者側に渡るとファイルがオフライン状態になるため，ローカルでパスワードクラックが何度でも行えることになる。

〔2〕 **パスワードクラックの手法**　　パスワードを探し出すための具体的な手法にはつぎの三つが考えられる（下に行くほど賢い攻撃になる）。攻撃者は当然，パスワードクラックの成功確率を上げる戦略をとってくる。

(1) ブルートフォース攻撃（brute force attack）　　これは何も考えずに力ずくで行う攻撃であり，ユーザ ID を固定してパスワードを手当たり次第に変えてログインを試みるものである。例えば，パスワードが 8 桁の数字であれば 00000000 から 99999999 までのすべてを試す。また，リバースブルートフォース攻撃とは，逆にパスワードを固定してユーザ ID を変えていく攻撃を指す。

(2) 辞書攻撃（dictionary attack）　　これはブルートフォース攻撃よりも少し賢い攻撃であり，記憶しにくいランダム文字列よりも覚えやすい意味ある文字列をパスワードに使うことが多い，という人間の特性を悪用する。辞書に載っているような単語や人名，それを逆順にした文字列などを試すことで攻撃の成功確率を上げようとするものである。攻撃者が事前に入手した ID とパスワードのリストを利用する**パスワードリスト攻撃**（list-based attack）もこの一種と考えられる。

(3) 統計的攻撃（statistical attack）　　これはさらに賢い攻撃であり，パスワードの構造を統計的に分析した情報を利用する。攻撃者は，過去に流出した数千万以上のパスワードについて構造を解析して，大文字や数字の出現頻度・位置，記号の位置，同じ文字種の連続などの傾向をあぶり出

し，それによってより強力な攻撃を可能にする。これらの解析結果につい
てはいくつかの研究論文で発表されている。

〔3〕 **パスワードクラックツールの具体例**   パスワードクラックツールは，
パスワードを忘れて重要なファイルにアクセスできなくなった際に利用すると
いう善意ある使いかたが存在するため，必要なものである。しかし，攻撃者が
悪意をもって使えば攻撃ツールにもなってしまう。以前に有名だった無料のパ
スワードクラックツール「Ophcrack LiveCD」は，おもに WindowsXP に対して
パスワードを探し出す非常に強力なツールであった。メモリ上に専用の OS を
起動させ，WindowsXP にログインすることなしにログインパスワードをクラッ
クできるため，悪用が容易であった。

〔4〕 **パスワードクラックの2次被害**   2020 年のトレンドマイクロの調査
によると，複数の Web サービスでパスワードを使いまわしている Web サービ
ス利用者が 85.7％にのぼることが明らかになっている[3]。本来，利用するすべ
ての Web サービスで異なるパスワードを設定することが理想的であるが，
Web サービスの数が膨大になっているため，それが現実的に難しくなってい
ることがわかる。ただし，パスワードの使い回しによってほかの情報システム
への不正アクセスを許してしまうリスクがあることには注意が必要である。

1.3.2 バッファオーバーフロー

多くの人がインターネットサービスにおいて何らかのアプリケーションを利
用しているが，もしアプリケーションにバグがあると，自身のコンピュータ上
で不正プログラムが実行されてしまう危険性がある。**バッファオーバーフロー**
とは，アプリケーションのバグ等を利用して，確保されたバッファを超えて
データを書き込むことで，不正プログラムを実行する攻撃のことである。

図 1.1 はバッファオーバーフローの基本原理を示したものである。バッファ
とはデータを一時的に格納する場所であり，スタックなどのメモリ上に確保さ
れる領域のことである。ただし，ここではスタックが上から下に書き込まれて
いくことに注意する。図において，中央の正常なスタックには正規プログラム

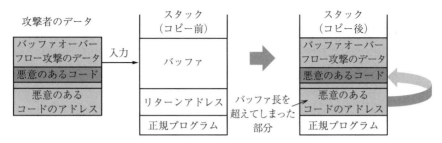

攻撃者のデータ

バッファオーバーフロー攻撃のデータ

悪意のあるコード

悪意のあるコードのアドレス

入力

スタック（コピー前）

バッファ

リターンアドレス

正規プログラム

バッファ長を超えてしまった部分

スタック（コピー後）

バッファオーバーフロー攻撃のデータ

悪意のあるコード

悪意のあるコードのアドレス

正規プログラム

図1.1　バッファオーバーフローの基本原理

とそのリターンアドレスがすでに格納されており，一番下の正規プログラムから実行されてリターンアドレスで戻るのが正常な動作である。ここで，ある一定サイズのバッファが確保されている状態を考える。本来ならこのバッファにだけデータが書き込まれるはずであるが，アプリケーションにバグがあると，バッファを越えてそれより下のデータの上書きを許してしまう。攻撃者はわざと確保されているバッファよりも大きいデータを用意し，バグを利用してこれをバッファに強制的に書き込むことにより図の右端のスタックのような状態にする。結果，正規プログラムのリターンアドレスが悪意のあるコードのアドレスに改ざんされるため，リターンで正当な場所に戻らずに悪意のあるコードに飛んでしまい，不正なコードが実行されてしまう。

　また，C言語特有の問題として，関数である gets，strcpy，strcat はバッファ長のチェックを行わないため，バッファオーバーフローによる不正動作の危険性が指摘されている。そのため，バッファのサイズを渡すことができる fgets，strncpy，strncat の利用が推奨されている。

　具体的にバッファオーバーフローの攻撃を理解するための簡単なコード例が**図1.2**であり，パスワード認証を行う脆弱なC言語プログラムである（例外処理は省略）。スタックには，accept，pass_buffer[16] の順で積まれていることに注意する。このプログラムでは，標準入力の文字列として故意に16バイトより大きいものを入力すると，pass_buffer[16] を越えて accept を上書きしてしまう。その結果，accept が TRUE となるため strcmp が意味をなさなくなり，必ず認証が通ってしまう結果となる。

```
#include<stdio.h>
#include<string.h>

int check(char *pass){
  int accept = 0;
  char pass_buffer[16];
  strcpy(pass_buffer, pass);
  if (strcmp(pass_buffer, "1234") == 0)
    accept = 1;
  return accept;
}

int main(int argc,char *argv[]){
  if (argc < 2){
    printf("usage: %s <password>¥n", argv[0]);
    exit(0);
  }
  if (check(argv[1])) {
    printf("OK¥n");
  } else {
    printf("NG¥n");
  }
}
```

標準入力の文字列を
16 バイトのバッファに
コピー

標準入力の文字列が
16 バイトを超えたら
accept が上書きされる

図 1.2　パスワード認証を行う脆弱な C 言語プログラム

1.4　マ ル ウ ェ ア

　マルウェア（malware）は「malicious software」の略であり，不正かつ有害な動作を行う意図で作成された悪意あるソフトウェアの総称である。コンピュータウイルスもマルウェアの一種と考えることができる。マルウェアに感染すると，被害者の立場として感染端末にあるファイルの漏えい・改ざん・削除などが行われるだけでなく，加害者の立場として外部に DDoS 攻撃などを意図せず行ってしまうこともあり得る。

　近年マルウェアがアンチウイルスソフトで検知されにくくなった理由は，二つ考えられる。一つは，マルウェアの亜種が膨大に生成されていることである。闇サイトではマルウェア生成ツールが売買されているといわれており，このツールを入手すれば誰でも容易にマルウェアの亜種を作成できる。新種のマルウェアの作成には非常に高度な技術が必要であるが，亜種は誰でも容易に作成できるという点が重要である。結果として，マルウェアの種類が膨大にな

り，アンチウイルスソフトのパターンファイルの生成が追いつかなくなったのである（亜種は元のマルウェアのパターンファイルを回避できる）。もう一つは，マルウェアの難読化テクニックの向上であり，おもにメタモーフィック（コードの改変）とポリモーフィック（コードの暗号化）の二つが存在する。パターンマッチングではマルウェアコードのある特定の部分に対してマッチングを行っているため，どちらのテクニックでもその部分を変えることによって検知や解析を逃れている。

　マルウェアには，コンピュータウイルスやワームなどさまざまな種類が存在する。以下では，特徴的なマルウェアをいくつかとりあげて説明する。

- **ボットネット**：　**ボットネット**（botnet）とは，ボットと呼ばれるマルウェアに感染したインターネット上の大量の踏み台コンピュータ群からなるネットワークである。C&C サーバ（Command and Control server）から数百台～数十万台の踏み台コンピュータへ指令（DDoS 攻撃など）を出すことが可能である。C&C サーバとは，踏み台のコンピュータを遠隔操作する司令塔となるサーバのことである。例えば，インターネットに 30 億台の PC が接続されており，そのうち 0.01％が脆弱だとすると，30 万台が潜在的なターゲットとなる。さらにボットネットはクラウド的な利用が可能であり，分散ストレージ（暗号化データ）や分散代理計算などをボットネットに行わせることも可能である。

- **RAT**：　**RAT**（Remote Access Trojan）とは，遠隔操作が可能なトロイの木馬型のマルウェアであり，遠隔操作ウイルスのことである。組織内ネットワーク（LAN）の RAT 感染端末と，インターネット側の攻撃者がファイアウォールを超えてつながるように設計されている。インターネット側の攻撃者から LAN 側の RAT への通信は通常ファイアウォールでブロックされるが，RAT が LAN 内部からインターネット側の攻撃者に接続してコネクションを張ることは容易である（ファイアウォールを通過できる）。このようにして，RAT は攻撃者からの指令を受け取ることができるようになる。具体的な RAT として，Poison Ivy, Gh0st, Cerberus などが有名で

ある。RAT は，密かにターゲット PC に潜伏して機密情報の窃取を狙うものであり，なるべく見つからないように長時間潜んで機密情報を蓄積していく。その際は，例えば，ファイルの閲覧，ダウンロード，アップロード，キーロガーやスクリーンキャプチャなどの機能を駆使する。パスワードは画面に表示されないことが多いが，キーロガーではキーボードの入力情報を記録できるのでパスワードの窃取も可能である。また，RAT は標的型サイバー攻撃で侵入することが多いため，侵入を完全に防ぐのが困難だといわれている。

・**ランサムウェア**：　**ランサムウェア**（ransomware）とは，パソコン内のファイルを暗号化して使用不能にするマルウェアである。ローカルのHDD だけでなく，クラウドストレージ上にある共有ファイルやバックアップファイルも暗号化され，復号鍵（秘密鍵）がない限りファイルを復元できない。さらに，ランサムウェアが暗号化後に復号鍵を削除してしまえば，ユーザはどうすることもできなくなる。そこで，攻撃者はファイルの復号鍵と引き替えに身代金の送金を要求する（以前，お金を振り込んでも復号鍵を入手できるとは限らないので振り込まないようにという注意喚起があったが，復号鍵がもらえないという噂が広がるとお金を稼ぐことができなくなるため，攻撃者が約束どおり復号鍵を提供する事例も出ている）。このとき，攻撃者の追跡が困難であるビットコインなどの暗号資産で送金させることが多い。

 1.5　サービス停止攻撃

サービス停止攻撃とは，Web サーバや通信機器などに対して意図的に過剰な負荷をかけたり脆弱性を突いたりすることによってサービスを妨害する攻撃の総称であり，DoS 攻撃とも呼ばれる。昨今では多くの人がインターネットサービスを利用しているため，DoS 攻撃が与える影響は大きい。身元を隠すため，などの理由により，この攻撃には IP スプーフィングがよく利用される。

1.5.1 IP スプーフィング

IP スプーフィングとは，IP ヘッダ内の送信元 IP アドレスを偽装することであり，ほかの攻撃を実行する手段の一部として利用される。メールアドレスの偽装が容易であるのと同様に，IP アドレスの偽装も容易である。例えば，IP スプーフィングにはつぎのような使いかたが考えられる。

- **攻撃者の身元隠蔽**: 送信元 IP アドレスを自分以外の IP アドレスに改変することにより，誰から届いたパケットなのかをわからないようにする。
- **送信元のなりすまし**: 送信元 IP アドレスを特定の誰かの IP アドレスに改変することにより，その人から届いたパケットであるかのように見せかける。
- **アクセス許可されている IP アドレスを付与**: 送信元 IP アドレスを許可されている IP アドレスに改変することにより，アクセス制限を突破する。
- **パケットごとに異なる送信元 IP アドレスを付与**: 送信元 IP アドレスを多数の異なる IP アドレスに改変していくことにより，実際は 1 台の端末であるのに多数の端末からパケットを送っているように見せかける。
- **標的コンピュータの IP アドレスを付与**: 送信元 IP アドレスをターゲットの IP アドレスに改変することにより，レスポンスパケットを使って攻撃する。

1.5.2 DoS 攻 撃

DoS（Denial of Service）**攻撃**はサービスを妨害する攻撃であり，SynFlood や Web ページへの異常な数のアクセスを行うなど過負荷をかけるもののほかに，サーバ等が提供するプログラムの脆弱性を突くものが考えられる。そのため，DoS 攻撃は必ずしも過負荷をかけるものだけを指しておらず，例えば脆弱性を突く 1 パケットのみでサービスを停止させる攻撃も含む。

1.5.3 DDoS 攻 撃

過負荷をかける DoS 攻撃の発展系として **DDoS**（Distributed Denial of Service）

攻撃がある。これは，多数のコンピュータを乗っとり，それらを踏み台にして
一斉にターゲットへ大量のトラフィックを送るような攻撃である（**図1.3**参
照）。背後に黒幕である攻撃者が存在しており，ボットネットを利用して攻撃
を仕掛けることが多い。攻撃者は直接攻撃に加担しないため，攻撃を受けた後
の攻撃者の追跡は非常に困難である。また DDoS 攻撃は，ターゲットにとって
防御が非常に困難である。一カ所から大量のパケットが送られてくるのであれ
ばそれを止めればよいが，複数からパケットが到達した場合，その中には正規
のサービス利用者からのものも含まれており，どのパケットを止めてよいかわ
からない。だがすべてのパケットを止めてしまうと，正規ユーザもサービスが
利用できなくなり，結局サービス停止攻撃が成立することになる。

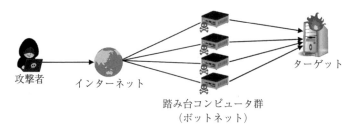

図1.3　DDoS 攻撃の基本的な仕組み

1.5.4　DRDoS 攻 撃

DRDoS（Distributed Reflection DoS）**攻撃**とは，送信元 IP アドレスをター
ゲットの IP アドレスに偽装し，パケットを多数のコンピュータに反射させて，
大量のレスポンスパケットをターゲットに集中させる DDoS 攻撃のことであ
る。Reflection とは反射を意味する単語である。DDoS 攻撃では多数のコンピュー
タを乗っとる（ボットネットを利用する）必要があったが，DRDoS 攻撃の場合
はその必要がなく，単に反射させるコンピュータを選ぶだけでよい。さらに，
反射パケットのサイズが大きくなる増幅攻撃の実行が可能な場合がある。例え
ば，NTP の脆弱性を悪用したある DRDoS 攻撃では，リクエストサイズに対し
て数十倍から数百倍のサイズのレスポンスパケットが返った。このように，

DRDoS 攻撃は効率的かつ効果的に DDoS 攻撃を行えるものである。

 ## 1.6　Web の 脅 威

　多くの人がインターネットサービスを利用しているため，そのサービスに深刻な脅威が存在すると，一般ユーザへの影響はとても大きいものになる。ここでは，Web の脅威をいくつか紹介する。

1.6.1　違 法 サ イ ト

　違法サイトへのアクセスやそこで得た違法ソフト等の利用はリスクが非常に高い。2017 年のマイクロソフトの調査では，海賊版ソフトを配布している Web サイトにはほぼ100％マルウェアが仕込まれていたことが報告されている[4]。さらに，ダウンロード／インストールが完了すると同時にマルウェアに感染するものが34％，海賊版ソフトが「正常」にインストールされずに悪質なサイトへ誘導したものが31％，インストール後にセキュリティ対策ソフトを無効にするものが24％と，違法サイトのリスクの高さが示されている。

1.6.2　フィッシング詐欺

　フィッシング詐欺とは，攻撃者が正規の Web サイトになりすました偽の Web サイトを作成したうえで，ユーザを偽のサイトに誘導する手口である。実際に，銀行サイトやショッピングサイトなどに偽装したフィッシングサイトが存在する。こうした偽の Web サイトでは，パスワードやクレジットカード番号などを入力させて盗み出すことが目的であり，ユーザに送りつけたメール本文にある URL などから偽の Web サイトに誘導する。メールには『あなたのパスワードが盗まれました』といった恐怖を煽る内容が記載されているため，ユーザは慌てて本文の URL をクリックし，早くパスワードを変更しようとしてその先にある偽の Web サイトで現在のパスワードを入力してしまうことになる。偽の Web サイトが本物そっくりに作られているため，その怪しさに気

付くことなくパスワードを入力してしまうことが多い。

1.6.3　ドライブバイダウンロード攻撃

ドライブバイダウンロード攻撃とは，Webブラウザなどを介してユーザに気付かれないようにマルウェアなどをダウンロードさせる攻撃であり，Webページを閲覧しただけで攻撃が実行されるという恐ろしい攻撃である。ただし，すべてのユーザがこの攻撃を受けるわけではなく，脆弱なブラウザを使用しているユーザにのみ起こる攻撃であることに注意してほしい。

ドライブバイダウンロード攻撃は，よく水飲み場型攻撃であるといわれる。これはライオンと水飲み場の関係に例えられ，ライオンが悪性コードに相当し，水飲み場が正規のWebサイトに相当する。水飲み場はどの動物にとっても必ず訪れる（アクセスする）場所になるため，ライオンは効率的に獲物を捕らえるためにこの水飲み場で待ち構える。同じようにドライブバイダウンロード攻撃では，水飲み場に相当する正規のWebサイトに悪性コードを注入して，多くのユーザを待ち構えることになる。この攻撃手順はつぎのとおりである（**図1.4**参照）。

① 攻撃者は正規のWebサイトを改ざんして悪性コードを注入する。

② ユーザが脆弱なブラウザを用いて正規のWebサイトにアクセスする。

③ ユーザのアクセス先がマルウェア配布サーバに自動遷移される。

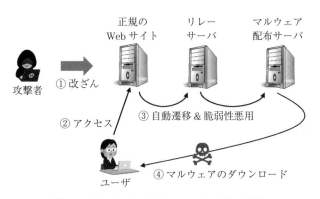

図1.4　ドライブバイダウンロード攻撃の手順

④ 攻撃が成功したら，マルウェアがユーザの端末に秘密裏にダウンロード
　　され，マルウェアに感染する。

1.6.4　DNS キャッシュポイズニング

DNS キャッシュポイズニングとは，DNS キャッシュサーバに偽の DNS 情報
をキャッシュとして蓄積させ，ホスト名と IP アドレスの対応を不正に変更す
る攻撃である。例えば，電話帳で考えると，名前はそのままにそれに対応する
電話番号だけが不正に書き換えられるようなものである。その名前の人に電話
すると異なる相手につながることになる。

〔1〕　**DNS**　　**DNS**（Domain Name System）とは，ホスト名と IP アドレス
の対応関係を管理し，クライアントからの問い合わせに応じて相互に変換する
仕組みのことである。変換には両方向があり，ホスト名を知っているが IP ア
ドレスを知らない場合は正引き（ホスト名から IP アドレスへの変換）を利用
し，その逆は逆引き（IP アドレスからホスト名への変換）を利用する。クライ
アントは DNS サーバに問い合わせ，その応答パケットを受け取って変換内容
を知ることができる。

　具体例として，クライアントのブラウザから「https://x1.y1.ne.jp」にアク
セスする場合を考える。IP ネットワークで Web サイトにアクセスするには宛
先の IP アドレスが必要である。しかし，ブラウザはそのサイトの IP アドレス
を知らないので，正引きで DNS サーバに問い合わせる。このとき，最上位の
DNS サーバに問い合わせる必要はなく，組織内ネットワークで用意されてい
る一番近い DNS キャッシュサーバに問い合わせればよい。ここでもし上記
URL の FQDN が DNS キャッシュサーバになければ，さらに上位の DNS サー
バに問い合わせることになる。そして最終的に上記 URL に対応する IP アドレ
ス（e.g., 1.2.3.4）がクライアントに返信される。

〔2〕　**DNS キャッシュポイズニングの流れ**　　**図 1.5** は，DNS キャッシュ
ポイズニングの流れを示している。DNS キャッシュポイズニングでは，DNS
キャッシュサーバのキャッシュが偽の情報に書き換えられるため，クライアン

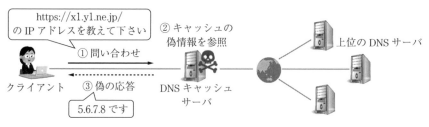

図 1.5　DNS キャッシュポイズニングの流れ

トから正引きで「https://x1.y1.ne.jp」の IP アドレスが問い合わせられると，
DNS キャッシュサーバは偽の IP アドレス（e.g.,「5.6.7.8」）を応答してしまう
（正しい IP アドレスは「1.2.3.4」）。クライアントはこの偽の IP アドレスを信
じてしまうので，ブラウザは「5.6.7.8」にアクセスする。その結果，クライ
アントは気づかないうちに攻撃者が用意した有害サイトにアクセスしてしまう
ことになる。

1.6.5　中 間 者 攻 撃

中間者攻撃（Man-In-The-Middle, MITM）とは，攻撃者が二人の当事者の間
で交わされるメッセージを横取りして，別のメッセージを差し挟んで中継する
攻撃である。**図 1.6** は中間者攻撃の具体例であり，クライアントのブラウザか
らオンラインバンキングにアクセスしている例である。ブラウザからは「10
万円を母に送金」というメッセージが送られるが，間に存在する中継者がこの
メッセージを「100 万円を攻撃者に送金」に改ざんする。さらに，その応答
メッセージも同様に改ざんされる。結果，クライアントの口座に 100 万円が
入っていれば，その 100 万円が攻撃者の口座に振り込まれることになる。この
攻撃では中継者が通信を奪うため，通信の暗号化やワンタイムパスワードが無

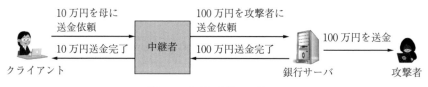

図 1.6　中間者攻撃の具体例

力となる恐れがある。特に通信の暗号化の場合，クライアントは秘密鍵の共有を銀行サーバと行っていると思い込んでいるが，実際は中継者と秘密鍵を共有している。中継者は銀行サーバとも鍵共有をするため，たとえ通信が暗号化されていたとしても，中継者が通信を一旦復号できる。

 ## 1.7 組織内ネットワークにおける脅威

組織内ネットワークは，ファイアウォールによって守られているため安全なネットワークであると以前は考えられていた。しかし，内部犯行による情報漏えいやファイアウォールを超えた不正アクセスが頻繁に発生しているため，安心できる空間ではなくなってきている。

1.7.1 組織内での盗聴

ネットワークを流れる通信パケットは，**スニファ**と呼ばれるネットワーク解析ツールによって盗聴が容易に実行される。スニファとしては Wireshark や tcpdump が有名であり，時刻や送信元 IP アドレス，宛先 IP アドレス，ポート番号，ペイロードなどパケットごとの情報を観測できる。多くの組織内ネットワークでは，各コンピュータが上位にあるネットワークスイッチ[†1] に接続されているため，もしパケットのペイロードが暗号化されていないなら，ネットワークスイッチを流れるパケットのペイロードを盗聴できる。例えば，ノートパソコン等に Wireshark をインストールし，プロミスキャスモード[†2] にしてネットワークスイッチのミラーポートに LAN 接続することによって，ネットワークスイッチを流れる全通信をキャプチャできる。

---

†1 複数のコンピュータや LAN を接続してデータを中継するネットワーク機器である
†2 ネットワークインタフェースにおいて，同一ネットワーク内を流れるすべてのパケットを受信して読み込むモードのことを指す。

1.7.2　標的型サイバー攻撃

　攻撃者は組織内ネットワークを狙う際，一番弱いところを狙う。ネットワーク境界にファイアウォールや IDS などの強固なセキュリティ対策が導入されている場合，攻撃者はたいていこれらの対策に対して真っ向から勝負しない。組織において一番弱いと考えられるところは従業員などの人である。なぜなら，すべての従業員のセキュリティ意識を高くするのは不可能に近く，セキュリティ意識の低い従業員が一人でもいればそこが脆弱点になるためである。攻撃者はそこを狙う。**標的型サイバー攻撃**とは，脆弱性を悪用し，複数の攻撃やソーシャルエンジニアリングを駆使して特定企業や個人を狙う攻撃である（**図1.7** 参照）。

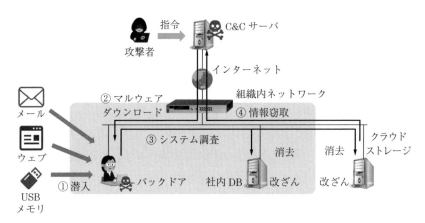

図1.7　標的型サイバー攻撃の流れ

　攻撃者は組織内ネットワークに侵入するために，メールやウェブ等を使用する。2015 年のトレンドマイクロの調査では，この初期潜入の 90％以上がメールによるものであると報告されている[5]。このとき，ユーザがメール本文の URL や添付ファイルをクリックすることで，マルウェアがダウンロードおよびインストールされるという手口が用いられた。例えば，2015 年 6 月に発生した日本年金機構におけるサイバー事件では，標的型メール攻撃により約 125 万件の個人情報が流出した。標的型サイバー攻撃では，攻撃をなるべくユーザに気づか

れないようにするために，初めは最小限のプログラムのみ動作させ，その後に
クライアント側のリクエストによりマルウェア本体（RATなど）をダウンロー
ドする戦略がとられることも多い。マルウェアは感染端末で密かに活動を続
け，組織内ネットワークのシステム調査を行い，長期間にわたって情報を収集
していき，最後に収集した機密情報を外部の攻撃者に送出する。

1.7.3 ファイアウォールの限界

　ファイアウォールは組織内ネットワークとインターネットの境界に配置さ
れ，通信のアクセス制御を行うものである。すべての通信がファイアウォール
を通り，通信内容をすべてチェックできるのであれば，ファイアウォールはう
まく機能する。しかし，ファイアウォールに気づかれない悪意あるファイルや
URLは，例えばメールとともにいくらでも組織内ネットワークに入ってくる。
また，スマホやリモートアクセスの利用により，ファイアウォールを通らない
通信も数多く存在する。例えば，スマホがマルウェアに感染したまま組織内
ネットワークのWi-Fiに接続されることもあり得る。さらに，マルウェアに感
染した自宅PCがVPNを使用して組織内ネットワークに接続されることもま
た，十分にあり得る。これらのことから，ファイアウォールはある程度の不正
アクセスを防御する一定の効果をもつものの，その限界を正しく理解して用い
ることが重要である。

 ## 1.8　実験A：パスワードクラック

　パソコンを使用するユーザであればほとんどがパスワードを使用する。パス
ワードは記憶する必要があるため，利便性を優先してパスワードを短く設定す
ることも考えられる。しかし，短くしたり使用する文字種類を制限したりする
とパスワードが弱くなり，攻撃者にクラックされる確率が非常に高くなる。
　実験Aでは，あえて弱いパスワードを設定したzipファイルをクラックする

実験を行う。パスワードをクラックする簡単な Python プログラム[†]を実装して実行することで，パスワードクラックのリスクを体験する。具体的には，zip ファイルに対して弱いパスワードを複数種類設定し，パスワードが容易にクラックされることから安全なパスワード設定の重要性を学ぶ。

［具体的な実験手順］

1. 二つの zip ファイル（secret1.zip と secret2.zip）を用意する。
2. それぞれの zip ファイルに異なるパスワード（4桁の数字と4文字の小文字アルファベット）を設定する。
3. 下記のコード例にある Python プログラムを実行して，ブルートフォース攻撃によりパスワードをクラックする。
4. 二つの zip ファイルのクラック時間を比較する。

［実験結果について］

secret1.zip のパスワードは4桁の数字であるためパスワード空間が 10 000 通りあるのに対して，secret2.zip のパスワードは4桁の小文字アルファベットであるためパスワード空間が 456 976 通りある。本実験では，一般的な PC（CPU：インテル Core i5/1.6 GHz/4 コア，メモリ容量：8 GB）を用いて，secret1.zip が1秒程度でクラックされるのに対して，secret2.zip はクラックされるのに数十秒程度かかる。

［コード例］

```python
import zipfile
import itertools
import string

def crack(path, passwds):
  with zipfile.ZipFile(path) as zf:
    for tuple_pwd in passwds:
      pwd = ' '.join(map(str,tuple_pwd))
      try:
        zf.extractall(pwd=pwd.encode('utf-8'))
        print('cracked! password is {}'.format(pwd))
        break
      except:  # 解凍できなければつぎのパスワードへ
        continue

def main():
  secret1_passwds = list(itertools.product(string.digits,
  repeat=4))
```

---

† Python3.8 で動作確認済みのプログラムである。

```
secret2_passwds = list(itertools.product(string.ascii_
lowercase, repeat=4))
crack('secret1.zip', secret1_passwds)
crack('secret2.zip', secret2_passwds)

if __name__ == '__main__':
    main()
```

引用・参考文献

1) 朝日新聞：信頼したメールの主はハッカー データ盗まれ NEM 流出（2019.1.27）

2) Japan Vulerability Notes Web ページ：Mirai 等のマルウェアで構築されたボット
   ネットによる DDoS 攻撃の脅威（2016.11.4），
   https://jvn.jp/ta/JVNTA95530271/index.html

3) トレンドマイクロ：パスワードの利用実態調査 2020，
   https://www.trendmicro.com/ja_jp/about/press-release/2020/pr-20200929-01.
   html

4) EnterprizeZine：海賊版ソフトの利用は「百害あって一利なし」―マイクロソフ
   トが調査結果を公開，https://enterprizezine.jp/article/detail/9508

5) トレンドマイクロ セキュリティブログ：2015 年上半期・国内標的型サイバー攻
   撃の分析 Part1，
   https://blog.trendmicro.co.jp/archives/12256

2章
サイバーセキュリティ
概論

　前章で述べたさまざまなサイバー脅威を受けて，効果的なセキュリティ対策を考える必要がある。そのためには，セキュリティリスクについてしっかりと理解し，リスクを評価する必要がある。また，セキュリティ対策の限界や考え方などを知ることも重要である。本章では，サイバーセキュリティの基本について述べる。

 ## 2.1　セキュリティリスク

　セキュリティリスクは，JIS Q 13335-1：2006 においてつぎのように定義されている。

◆ **定義2.1　リスク**　ある脅威が，資産または資産のグループの脆弱性につけ込み，そのことによって組織に損害を与える可能性。

　セキュリティリスクは「資産価値」，「脅威」，「脆弱性」によって測られ，このことをリスク評価という。**図2.1**はパスワード認証におけるセキュリティリスクの例を示している。インターネット上の情報資産がパスワードによってアクセス制御されており，攻撃者がその情報資産を不正に入手しようとする想定である。リスク評価には情報資産が存在することが重要であり，情報資産がなければサイバー攻撃の対象にはなりえない。この例では，情報資産には企業等の機密情報，脅威には不正アクセスを行う攻撃者，脆弱性には推測されやすいパスワードの設定が考えられる。

図 2.1 セキュリティリスクの例（パスワード認証）

2.1.1 情 報 資 産

リスク評価において，情報資産価値の評価は必須である。**情報資産**（information asset）があるからこそリスクが生まれ，そこにセキュリティ対策が必要となる。そのため，まずは組織のどこにどれだけの情報資産が存在するのかを調べる必要があり，それによって初めてどこを重点的に守ればよいのかがわかる。情報資産は，有形資産（コンピュータ関連機器，社内文書など）と無形資産（ソフトウェア，データ，技術情報など）に分けられ，多くのプライバシー情報を含む。リスク評価を行う場合，まずは有形資産と無形資産を合わせて，情報資産の洗い出しをすることが重要である。そして洗い出した後に，その情報資産に対してどういう脅威があるのか，またはどういう脆弱性が考えられるのかを検討する。なお，情報資産の価値の評価は，定性的評価（金額に換算不可能な資産の評価）と定量的評価（金額に換算可能な資産の評価）に分類される。

2.1.2 脅　　　　　威

脅威（threat）は，JIS Q 13335-1：2006 においてつぎのように定義されている。

◆ **定義 2.2　脅威**　システムまたは組織に損害を与える可能性があるインシデントの潜在的な原因。

そして脅威はさらに三つに分類される。技術的脅威はプログラムやソフトウェアが介在するものを指し，不正アクセス，盗聴，マルウェアなどが該当する。物理的脅威は物理的に破損させたり妨害したりするものを指し，侵入，破壊，故障などが該当する。人的脅威は人が直接関わるものを指し，誤操作，持

ち出し，不正行為などが該当する。例えば，図 2.1 における不正ログインの試
みは脅威の一つである。

2.1.3 脆　　弱　　性

脆弱性（vulnerability）は，JIS Q 13335-1：2006 においてつぎのように定義
されている。

◆ 定義 2.3　脆弱性　一つ以上の脅威がつけ込むことのできる，資産または資
産グループがもつ弱点。

脆弱性には，システム，ネットワーク，アプリケーション，または関連する
プロトコルのセキュリティを損なうような設計・実装上の欠陥，さらにはセ
キュリティ上の設定ミスなどが含まれる。例えば，図 2.1 における推測されやす
いパスワードの設定は脆弱性の一つである。

脅威と脆弱性の両方が揃ってリスクにつながることはすでに述べた。極端な
話，脅威だけ存在して脆弱性がない場合，あるいは脆弱性だけ存在して脅威が
ない場合はリスクにつながらない。例えば，図 2.1 におけるパスワード認証の
リスクについて考えると，不正ログインを試みる攻撃者がいたとしても，推測
されやすいパスワードが存在しなければリスクはゼロである。また，推測され
やすいパスワードが存在していたとしても，不正ログインを試みる攻撃者が存
在しなければやはりリスクはゼロである。そのため，リスクは脅威と脆弱性の
掛け算と捉えることができる。

表 2.1 は，脅威と脆弱性の対応例を示している。例えば，廃棄時のディスク
の不完全なデータ消去においては，単にデータを削除してもほとんどのデータ
がディスク内部に残っている可能性がある。そのため，ディスクをランダム
データで上書きして確実にデータを消去するか，あるいは物理的に破壊してし
まうか，どちらかの対処が必要である。

表2.1 脅威と脆弱性の対応例

脆弱性の分類	対応する脅威例	脆弱性の例
ソフトウェア	不正ログインの試み	推測されやすいパスワード
ハードウェア	盗難（情報漏えい）	廃棄時のディスクの不完全なデータ消去
通　信	盗　聴	保護されていない通信
文　書	盗　難（情報漏えい）	廃棄時の注意欠如
人　事	フィッシングメール	セキュリティ意識の欠如
環境施設	洪　水	低平地への施設の配置

2.2　リスクマネジメント

2.2.1　リ ス ク 評 価

　これまで「情報資産」,「脅威」,「脆弱性」についてそれぞれ見てきた。つぎに，これらを考慮して**リスク評価**（risk assessment）について考えていく。一般にリスクは，事象の発生確率（probability）とその影響度（impact）によって測られる。セキュリティリスクも例外ではなく，事象の発生確率（脅威と脆弱性で求められるもの）と影響度（情報資産価値で求められるもの）によって測られる。つまり，PI（Probability-Impact）マトリックスと呼ばれるものを用いてリスク評価を行う。また，リスク評価は定性的分析手法と定量的分析手法の二つに分類できる。ただし，インシデントに関して脅威と脆弱性をゼロにできないことから事象の発生確率をゼロにできず，資産価値のあるサーバや情報システムにおいてゼロリスクがあり得ないことに注意する。

2.2.2　リ ス ク 対 応

　リスク対応（risk treatment）には，つぎのとおり，〔1〕リスクの低減，〔2〕リスクの保有，〔3〕リスクの回避，〔4〕リスクの移転が存在する。それぞれについて説明する。

〔**1**〕　**リスクの低減**　　リスクの低減とは，リスク評価で算出されたリスク

値を許容可能なレベルまで下げる対応であり，脆弱性に対する適切な対策を行うものである。リスク対応としては，まずリスクの低減を試み，妥当なコストで実行可能な適切な対策があればそれを実施する。適切な対策が見つからなければ，別の対応を検討する。

〔2〕 **リスクの保有**　　リスクの保有とは，リスクを理解したうえであえて対策をとらない対応である。リスクがもつ影響力が小さい場合や妥当なコストで実行可能な適切な対策が見つからない場合にこれを行う。その際，情報資産がどこにあるかを把握するとともに，保有しているリスクを把握しておくことが重要である。リスクが存在していることを知らずに放置しておくことは極めて危険なことであり，とても注意が必要である。これらのリスクは「残留リスク」や「残存リスク」と呼ばれる。

〔3〕 **リスクの回避**　　リスクの回避とは，リスクが発生する可能性を完全に取り去る対応である。例えば，「社内 PC には USB メモリ接続を行わせない」という運用がこれに該当する。USB メモリは非常に便利なため多くの社員はなるべく使いたいと思っていても，リスクが非常に高い場合はその利便性を犠牲にして，無理矢理にでもリスクを下げる対応を行う。

〔4〕 **リスクの移転**　　リスクの移転は，自身でリスクの全責任を追わないという選択肢であり，リスクを外部に移転するものである。具体的には，クラウドなど他社が保有する情報資産を利用して自社で情報資産を保有しない外部委託，セキュリティ事件・事故が発生した際の損失を補填してくれる保険（リスクファイナンス）などが考えられる。

 ## 2.3　セキュリティ対策に向けて

　セキュリティは工学全般に必要とされるものであり，非常に重要な技術である。しかし，セキュリティ対策は万能ではない。ここでは，セキュリティ対策の限界や考え方など，サイバーセキュリティに必要な基本について述べる。

2.3.1　セキュリティ対策の限界

　どんな優れたセキュリティ対策であったとしても，これを行っておけば安心というものはない。また，セキュリティ対策には一般的にコストがかかる。そのため，セキュリティ対策を導入する際に，その限界を知っておくことは非常に重要である。

〔1〕　**完璧なセキュリティ対策は存在しない**　　サイバーセキュリティを考えるうえで，完璧なセキュリティ対策が存在しないことを知ることは極めて重要であり，さらにそのことによって自己防衛や多層防御の必要性が生じる。2014 年に Brian Dye 氏が，自社でアンチウイルスソフトを手がけているにも関わらず「アンチウイルスソフトは死んだ」と発言して話題を呼んだとき，同時にアンチウイルスソフトは 45％ のマルウェアしか検知できないことが報告された。しかし，半分以上のマルウェアを検知できないからといって不要かというと，決してそんなことはない。アンチウイルスソフトは必ずインストールしておくことが重要であり，その理由はつぎの二つである。

- ・優先度の高い約半数のマルウェアを検知できる。ベンダは被害が深刻なマルウェアを把握できるため，危険なマルウェアのパターンファイルを優先的に適用することで一定の効果が期待できる。
- ・インシデントが発生したときの責任が軽減される。被害端末にアンチウイルスソフトをインストールしていた場合，セキュリティ対策として最善を尽くしていたことを主張できる。しかし，もしアンチウイルスソフトがインストールされていないことが判明すれば，責任を問われる可能性がある。

〔2〕　**ゼロデイ攻撃**　　アンチウイルスソフトが検知できないものとして，**ゼロデイ攻撃**がある。ゼロデイ攻撃とは，脆弱性が発見されて修正プログラムが提供される日より前にその脆弱性を突く攻撃のことである。すなわち，脆弱性が発見されてから，修正プログラムが作成されるまでの間は無防備な状態である。**図 2.2** にはゼロデイ攻撃の全体像が示されている。まず，脆弱性がベンダー（一般ユーザからの報告も含む）または攻撃者によって発見される。もし

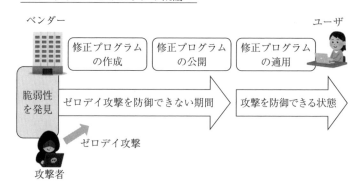

図 2.2 ゼロデイ攻撃の全体像

ベンダー側が先に脆弱性を発見できれば秘密裏に修正プログラムを作成することができるが，攻撃者が先に脆弱性を発見してしまった場合，知らない間にその脆弱性を突く攻撃手法が開発される恐れがある。修正プログラムが提供され，脆弱なコンピュータに適用（アップデート）されて初めてその脆弱性を突く攻撃を防御できる。最悪のケースは，攻撃者側のみが脆弱性を発見して，ベンダー側がそれに気づかない状態が長く続いてしまう場合である。この間は，脆弱性が放置されている状態であるため，多くの端末が攻撃の被害に遭うリスクが高くなる。

　ゼロデイ攻撃の有名な事例としては，2014 年のシェルショック脆弱性（2014 年 9 月 24 日に公表された Bash の脆弱性）がある。脆弱性が公表されたということは，この時点ですでに修正プログラムができていることを意味しており，公表の目的は多くの脆弱なコンピュータへのアップデートを周知することであった。しかし，2014 年 9 月 25 日までにこの脆弱性を利用したボットネットの存在が報告されている。攻撃者が 1 日でボットネットを作成するとは考えにくいため，公表された 9 月 24 日以前にボットネットの作成が秘密裏に実施されていたことが推測できる。つまり，これはゼロデイ攻撃が実際に実行されていた事例であるといえる。

〔3〕**セキュリティ対策のコスト**　これまでにさまざまな脅威について紹介してきた。また，情報資産，脅威，脆弱性から行われるリスク評価について

も述べた。セキュリティ対策はこれらを踏まえて実施されるものである。このとき，セキュリティ対策にかけられるコストが有限であることに注意しなければならない。そのため，対策の優先度が非常に重要となり，限られたコストでどのような対策を実施するのが最適かを考える必要がある。

政治家などが大事件のあとにいうお決まりのセリフとして「こんなことが繰り返されてはならない。あらゆる手段を講じて再発を防止しなければならない」というものがある。一見まともに思えるが，このようなセリフに対して，米国の有名な暗号研究者であるブルース・シュナイアー（Bruce Schneier）は「そのような言葉に耳を傾けてはならない。これは恐怖にとらわれた者の言葉，典型的なナンセンスである。恐怖を乗り越え，賢明なトレードオフとは何かを考えなければならない」と発言した。先ほどのセリフをよく見ると，とにかく頑張るとしかいっておらず，じつは何も考えていないものであることがわかる。セキュリティ対策を行うときは，優先度があり，限界があり，コストもあるため，それらを考慮して限られた範囲の中で具体的に何ができるのかをしっかりと検討する必要がある。シュナイアーの言葉は，セキュリティリスクの捉え方を表した重要な言葉であるといえる。

2.3.2 セキュリティ対策の考え方

ここでは，セキュリティ対策の考え方について述べる。まず，セキュリティは理論や技術だけでは守れないことを知らねばならない。さらに，運用，法律，教育を駆使してセキュリティリスクを下げることを目指すべきである（ただしゼロにはできない）。パスワード認証を例に，理論・技術，実装，運用，法律，教育といった複数の要素について見ていく。

理論・技術においては，パスワード認証のアルゴリズムは理論的に安全であるべきである。しかし，どれほど安全であったとしても，パスワードが漏えいすれば無力である。また認証システムを構築するには，そのようなパスワード認証のアルゴリズムを実際にセキュアに実装する必要があるが，必ずしも安全なものを実装できるとは限らず，パスワード漏えいの脆弱性をもつ可能性があ

る。このように実装面でも限界が存在するため，脆弱性が見つかるたびにアップデートをするといった運用が考えられる。しかし，アップデートを行わないユーザが一定数存在するため，このような運用で守るのにもやはり限界がある。そこで，不正アクセス禁止法といった法律によって不正を抑止するといったことが必要になる。また，一般人へのセキュリティ教育を実施することによって，セキュリティ意識の底上げを図ることも大切である。例えば，パスワードを机の上に貼っている人に対して，そのパスワードが漏れるとどういう脅威があって具体的に何をされてしまうのかを知ってもらうことが重要である。したがって，一つの要素だけで守ることは難しく，複数の要素によるセキュリティ対策を考える必要がある。

2.3.3 多 層 防 御

セキュリティ対策を考えるうえで重要なものに多層防御という考え方がある。**多層防御**とは，複数の技術を用いて守ることである。例えば，ファイアウォールと侵入検知システム（IDS）とアンチウイルスソフトを併用して，組織内ネットワークを守ることが考えられる。2.3.1 節で対策コストについて述べたが，必要な対策とコストとのバランスを見ながら多層防御を考えることが必要である。考える視点としては，つぎの二つが考えられる。

〔1〕 **事前対策と事後対策**　　**事前対策**とは予防対策のことを指し，サイバー攻撃に遭うリスクをなるべく下げる対策である。例えば，ファイアウォールやアップデート，アクセス制御などが事前対策に相当する。しかし，リスクをゼロにはできないことから，被害に遭った後に実施する事後対策も重要になる。**事後対策**とは，おもに被害拡大防止や原因特定・駆除のことを指す。例えば，一人のユーザがマルウェアに感染したり攻撃に遭ったりしたときに，その攻撃をうまく局所化し，いち早く原因を特定して駆除するといった対策が重要になる。したがって，ここでは事前対策を行いつつも事後対策も行うという多層防御になる。

〔2〕 **入口対策，内部対策，出口対策**　　**入口対策**は事前対策に類似し，侵

入を防ぐ対策である。しかし，侵入を完璧に防ぐことはできないため，侵入を許したとしてもシステム内にある情報資産を守る内部対策が必要になる。例えば，ログイン後にさらに情報資産にアクセスするための別のパスワードを設定する，などの対策が内部対策の一例である。また，**出口対策**は被害の拡大を防ぐ対策であり，侵入されて情報資産にアクセスされたとしても，その情報を外部にもち出せないようにする対策や，ある端末がマルウェアの感染被害に遭った後に組織外の端末に感染を広げることを防ぐような対策が考えられる。したがって，ここでは入口，内部，出口で対策する多層防御になる。

 ## 2.4　セキュリティの3要素

　セキュリティを考えるうえで重要な3要素は，機密性，完全性，可用性である。これらについて説明する。

　機密性（confidentiality）とは，アクセス許可のある人だけが情報資産を利用できる性質を指しており，対象とする脅威は盗聴である。例えば，暗号化を用いることで盗聴からデータを守ることができ，データの機密性を満たす。

　完全性（integrity）とは，情報資産に正確性があり改ざんされていない性質を指しており，対象となる脅威はデータの改ざんである。例えば，ディジタル署名や認証子（MAC）を用いることで改ざんが検知でき，データの完全性を満たす。

　可用性（availability）とは，情報資産へのアクセス許可のある人が必要なときにアクセスできる性質を指しており，対象となる脅威はサーバダウンである。例えば，サーバダウンがあると，アクセス許可がある人がアクセスしようとしてもデータを利用できなくなる。そのため，サーバダウンを避けるためにシステムを多重化することが考えられる。

2.5　ケルクホフスの原理

　暗号技術を考えるうえで**ケルクホフスの原理**は非常に重要である。ケルクホフスの原理は，アウグスト・ケルクホフス（Auguste Kerckhoffs）によって提案された原理であり，「暗号方式は秘密鍵以外のすべてが公知になったとしてなお安全であるべきである」というものである。1983 年に出版されたエッセイにて，軍用暗号に関する 6 個の条件の一つとして示された。これと同様にシャノンの「敵はシステムを知っている」という言葉も有名である。たとえ暗号アルゴリズムを秘匿したとしても，時間経過とともに暗号アルゴリズムが何らかの形で漏えいし，最終的に攻撃者に知られてしまう可能性がある。そのため，上記二つはどちらも，敵がシステムを知っていたとしても唯一秘密鍵さえ守っていればシステムが安全であるべきという考え方である。

　また，ある企業が独自で開発した暗号アルゴリズムを秘匿して，「弊社独自の暗号方式だから安全である」という記載は信頼すべきではない。ケルクホフスの原理からわかるとおり，暗号アルゴリズムが秘匿だからといって安全であるとは決していえない。例えば，攻撃手法にはブラックボックス型のものがあり，暗号アルゴリズムを知らないまま攻撃することが可能である。暗号システムに対しては入力を与えると出力が得られるため，その出力データを大量に収集して暗号システムの統計的な解析を行うことも可能である。そのため，いくらアルゴリズムを秘匿したとしても独自暗号の脆弱性が露呈されてしまうリスクがある。したがって，電子政府が推奨する（公開されている）暗号技術を使うべきである。

　電子政府推奨暗号の安全性を評価・監視し，暗号技術の適切な実装法・運用法を調査・検討するプロジェクトとして**CRYPTREC**（CRYPTography Research and Evaluation Committees）がある。これは，国内の暗号技術の専門家が集まったプロジェクトであり，**表2.2**に記載した電子政府推奨暗号リスト（CRYPTREC暗号リスト）を公開している[1]。本書執筆時点の 2020 年 12 月では 2013 年版

表 2.2　電子政府推奨暗号リスト

暗号技術	暗号アルゴリズム
公開鍵暗号	署　名：DSA, ECDSA など
	守　秘：RSA-OAEP
	鍵共有：DH, ECDH
共通鍵暗号	ブロック暗号：AES, Camellia など
	ストリーム暗号：Kcipher-2
暗号学的ハッシュ関数	SHA-256, SHA-384, SHA-512
暗号利用モード	CBC, CTR, CCM, GCM など
メッセージ認証コード	CMAC, HMAC

が最新である。暗号技術には，暗号化する技術だけでなくディジタル署名や暗号学的ハッシュ関数といった暗号化以外の技術も含まれるが，いずれにせよ暗号技術を使用する場合はこのリストに掲載されているものを使うことが必須である。このリストに挙がっているものは，専門家によってアルゴリズムの安全性が検証された後に公開されているものであるため，秘密鍵さえ守っていれば安全なアルゴリズムであるといえる。

 ## 2.6　暗号技術の安全性と危殆化

　暗号技術の安全性は，計算量的安全性と情報理論的安全性の二つに大別される。また，セキュリティバイデザインや暗号危殆化は暗号技術の安全性の観点で重要なものである。

　まず**計算量的安全性**（computational security）とは，直感的には計算量によって安全性が担保されることを指し，例えば 1 億年かければ解読できるが現実的な時間では解読できないため安全であるとするものである。ある暗号技術を破るための最速アルゴリズムが少なくとも N ステップ必要とするとき（N は膨大な数），この暗号技術は計算量的に安全であるという。また，公開鍵暗号の計算量的安全性を示す場合，多くは解くことが困難だと思われている既存の問

題に帰着できることを示す。一から安全性を証明するのではなく，すでに難しいと考えられている問題があり，それをベースにそこからの差分だけを証明する。

つぎに**情報理論的安全性**（unconditional security）とは，攻撃者が実行できる計算の量に関してまったく制限を設けない場合の暗号技術の安全性であり，直感的には，秘密鍵を特定する際に鍵空間におけるすべての秘密鍵が等確率で候補となるものである。無限の計算資源を使っても解読が不可能である（鍵空間以上の有益な情報が得られない）とき，この暗号技術は情報理論的に安全であるという。例えば，鍵の候補が1億通りあったとする。このとき情報理論的安全性を満たすというのは，無限の計算量を使用してもそれぞれの確率が等しいことが求められるだけで，1億通りの鍵のうちどれであるかはわからないということである。

そして**セキュリティバイデザイン**（security by design）とは，内閣サイバーセキュリティセンターによって，「情報セキュリティを企画・設計段階から確保するための方策」と定義されており，要は最初からセキュリティを考えるという方策である。どのようなサービス・システムにおいても，形式だけではなくしっかりとしたセキュリティ対策を設計段階から入れることが重要である。ただし，セキュリティ対策の導入にはコストがかかるため，なるべくコストをかけたくない場合は妨げになる。また，セキュリティを考えるにはコストだけでなく時間もかかるため，なるべく早くサービスインしたいという場合，セキュリティが後回しにされる可能性が高い。それでもなお，セキュリティのわかる技術者を設計段階から参加させて，一定のセキュリティを確保することが重要である。

暗号技術を扱ううえでもう一つ考えないといけないのが**暗号危殆化**（compromising cryptosystem）である。暗号危殆化とは，暗号技術に関する安全性が危ぶまれる事態のことを指す。情報処理推進機構（IPA）は，つぎのいずれかの理由により暗号危殆化が起こりうると指摘している[2]。

・**暗号アルゴリズムの危殆化**：　ある暗号アルゴリズムについて，当初想定

したよりも低いコストで，そのセキュリティ上の性質を危うくすることが
可能になる状況を指す。

・**暗号モジュールの危殆化**：　ある暗号モジュール（ソフトウェア，ハード
ウェア，あるいはそれらの組み合わせ）について，当初想定したより低い
現実的なコストで，権限が与えられていないデータや資源にアクセス可能
になる状況を指す。

・**暗号を利用するシステムの危殆化**：　あるシステムにおける暗号が関連す
る機能について，当初想定したよりも低い現実的なコストで，権限が与え
られていないデータやシステム資源にアクセス可能になる状況を指す。

引用・参考文献

1)　CRYPTREC：電子政府推奨暗号リスト（2013），
　　https://www.cryptrec.go.jp/list.html
2)　IPA：暗号の危殆化に関する調査 報告書（2005），
　　https://www.ipa.go.jp/files/000013736.pdf

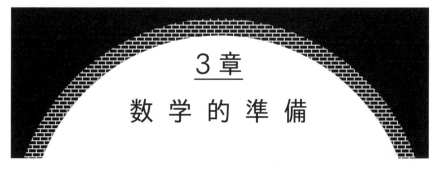

3章
数 学 的 準 備

　サイバーセキュリティでは数学がよく用いられる。特に，暗号や認証では初等整数論などを利用し，秘密分散や統計的不正アクセス検知ではベイズ統計学やエントロピーなどを利用する。本章では，これらについて説明する。

 ## 3.1　初 等 整 数 論

　本節では，ユークリッドの互除法，拡張ユークリッドの互除法，合同，乗法逆元などについて説明する。まずは，そのための基本定義を以下に示す。

◆ 定義 3.1　倍数と約数　二つの自然数 a, b について，a が b ともう一つの自然数 a との積として $a = bc$ と表されるとき，a は b の倍数，b は a の約数といい，$b|a$ と表す。

◆ 定義 3.2　最大公約数　$d|a_i (i = 1, \cdots, n)$ のとき，d は $a_1, \cdots, a_n$ の公約数であるという。公約数のうち最大のものを最大公約数といい，$\gcd(a_1, \cdots, a_n)$ と表す。$\gcd(a, b) = 1$ のとき，a と b はたがいに素であるという。

◆ 定義 3.3　最小公倍数　$a_i|l (i = 1, \cdots, n)$ のとき，l は $a_1, \cdots, a_n$ の公倍数であるという。公倍数のうち最小のものを最小公倍数といい，$\mathrm{lcm}(a_1, \cdots, a_n)$ と表す。

◆ 定義 3.4　素数と合成数　1 と異なる自然数 n が，n と 1 以外の約数をもたないとき，n を素数と呼ぶ。また自明でない約数をもつとき，n を合成数と呼ぶ。

ユークリッドの互除法の説明に入る前に，除法の原理に関する補題を以下に示す。

● **補題 3.1　除法の原理**　整数 $a, b(b \neq 0)$ に対して，$a = bq + r, 0 \leq r < |b|$ を満たす整数 q, r が一意的に存在する。

[証明]　略

● **補題 3.2**

(1)　$\gcd(a, b) = \gcd(b, a)$

(2)　$\gcd(a, b) = \gcd(a - b, b)$

(3)　$a = bq + r$ のとき，$\gcd(a, b) = \gcd(b, r)$

[証明]　略

3.1.1　ユークリッドの互除法

ユークリッドの互除法は，二つの自然数の最大公約数を求めるアルゴリズムである。アルゴリズムを以下に示す。

・**ユークリッドの互除法**

入力：$a, b \in \mathrm{N}$

出力：$\gcd(a, b) = d$

除法の原理より，a と b は $a = bq + r$ と一意に表される。このとき，$a_0 = a, a_1 = b, q_1 = q, a_2 = r$ と代入する。ここで，補題 3.2 (3) を利用して式をつぎのように変形していく。

$$a_0 = a_1 \cdot q_1 + a_2 (|a_1| > a_2 \geq 0)$$
$$a_1 = a_2 \cdot q_2 + a_3 (|a_2| > a_3 \geq 0)$$
$$\vdots$$
$$a_{r-2} = a_{r-1} \cdot q_{r-1} + a_r (|a_{r-1}| > a_r \geq 0)$$

この操作を繰り返すと $a_r = 0$ となり，このとき $|a_{r-1}|$ が $\gcd(a, b)$ となる。

◎ **例題 3.1**　$a = 15, b = 9$ の最大公約数をユークリッドの互除法を用いて求め

よ。

[解答] ユークリッドの互除法を用いると，最大公約数はつぎのように求められる。

$$15 = 9 \cdot 1 + 6$$
$$9 = 6 \cdot 1 + 3$$
$$6 = 3 \cdot 2 + 0$$

よって，$\gcd(15, 9) = 3$。

3.1.2 拡張ユークリッドの互除法

拡張ユークリッドの互除法は，一次不定方程式 $ax + by = d$ の整数解 (x, y) を求めるアルゴリズムである。アルゴリズムを以下に示す。

・拡張ユークリッドの互除法

入力：$a, b \in N$

出力：$ax + by = d$ かつ $\gcd(a, b) = d$ となる $x, y \in Z$

除法の原理より，a と b は $a = bq + r$ と一意に表される。このとき，$a_{i+1} = a$, $a_i = b$, $q_i = q$, $a_{i-1} = r$ と代入する。ここで，$L_i = \begin{pmatrix} q_i & 1 \\ 1 & 0 \end{pmatrix}$ とおくと，ユークリッドの互除法よりつぎの関係式が成り立つ。

$$\begin{pmatrix} a_{i+1} \\ a_i \end{pmatrix} = \begin{pmatrix} q_i & 1 \\ 1 & 0 \end{pmatrix} \begin{pmatrix} a_i \\ a_{i-1} \end{pmatrix} = L_i L_{i-1} \cdots L_1 \begin{pmatrix} d \\ 0 \end{pmatrix} \tag{3.1}$$

これを式変形することによって次式が得られる。

$$\begin{pmatrix} d \\ 0 \end{pmatrix} = (L_i L_{i-1} \cdots L_1)^{-1} \begin{pmatrix} a_{i+1} \\ a_i \end{pmatrix} = L_1^{-1} L_2^{-1} \cdots L_i^{-1} \begin{pmatrix} a_{i+1} \\ a_i \end{pmatrix} \tag{3.2}$$

したがって，$\begin{pmatrix} d \\ 0 \end{pmatrix} = \begin{pmatrix} x & y \\ z & w \end{pmatrix} \begin{pmatrix} a \\ b \end{pmatrix}$ の形となり，$\begin{pmatrix} x & y \\ z & w \end{pmatrix}$ の部分から $ax + by = d$ を満たす x, y が求められる。なお，$L_i^{-1} = \begin{pmatrix} 0 & 1 \\ 1 & -q_i \end{pmatrix}$ であることを利用すると，商に相当する q_i さえわかれば，逆行列の計算なしに効率的に x, y を求めることができる。

◎ **例題 3.2** $17x + 13y = 1$ となる整数 x, y を求めよ。

[解答] 拡張ユークリッドの互除法を用いると，$\begin{pmatrix} 17 \\ 13 \end{pmatrix}$ をつぎのように変形できる。

$$\begin{pmatrix} 17 \\ 13 \end{pmatrix} = \begin{pmatrix} 1 & 1 \\ 1 & 0 \end{pmatrix} \begin{pmatrix} 13 \\ 4 \end{pmatrix}$$

$$\begin{pmatrix} 13 \\ 4 \end{pmatrix} = \begin{pmatrix} 3 & 1 \\ 1 & 0 \end{pmatrix} \begin{pmatrix} 4 \\ 1 \end{pmatrix}$$

$$\begin{pmatrix} 4 \\ 1 \end{pmatrix} = \begin{pmatrix} 4 & 1 \\ 1 & 0 \end{pmatrix} \begin{pmatrix} 1 \\ 0 \end{pmatrix}$$

よって，$\begin{pmatrix} 17 \\ 13 \end{pmatrix} = \begin{pmatrix} 1 & 1 \\ 1 & 0 \end{pmatrix} \begin{pmatrix} 3 & 1 \\ 1 & 0 \end{pmatrix} \begin{pmatrix} 4 & 1 \\ 1 & 0 \end{pmatrix} \begin{pmatrix} 1 \\ 0 \end{pmatrix}$ と表される。これに対して式変形すると つぎのような関係式が得られる。

$$\begin{pmatrix} 1 \\ 0 \end{pmatrix} = \begin{pmatrix} 4 & 1 \\ 1 & 0 \end{pmatrix}^{-1} \begin{pmatrix} 3 & 1 \\ 1 & 0 \end{pmatrix}^{-1} \begin{pmatrix} 1 & 1 \\ 1 & 0 \end{pmatrix}^{-1} \begin{pmatrix} 17 \\ 13 \end{pmatrix}$$

$$= \begin{pmatrix} 0 & 1 \\ 1 & -4 \end{pmatrix} \begin{pmatrix} 0 & 1 \\ 1 & -3 \end{pmatrix} \begin{pmatrix} 0 & 1 \\ 1 & -1 \end{pmatrix} \begin{pmatrix} 17 \\ 13 \end{pmatrix}$$

$$= \begin{pmatrix} -3 & 4 \\ 13 & 3 \end{pmatrix} \begin{pmatrix} 17 \\ 13 \end{pmatrix}$$

したがって，$x = -3$，$y = 4$ が求められる。

3.1.3　数の世界を広げる

数学には，方程式を解くために数の世界を広げてきた背景がある。例えば，整数の世界において方程式 $2x = 1$ を解こうとすると解がない。しかし，これを有理数の世界にまで広げると解として $1/2$ をもつようになる。解をもつということは「演算に関して閉じている」ことを意味する。「演算に関して閉じている」とは，ある集合のどんな要素に対してその演算を適用しても，結果が元の集合に属していることを指す。

整数や実数などは無限集合である。メモリやハードディスクは有限であるため，無限集合は計算機の世界では非常に扱いにくい。特に，暗号や符号では実数を直接取り扱うことができない。そこで，コンピュータ上でそのような演算を行うのに適した数の世界を考える必要がある。以下では，群，環，体について簡単に触れる。

体とは，実数の集合のように，その上で加減乗除の四則演算が定義できる集合である。さらに有限体とは，離散的な有限個の要素からなり，四則演算が定

義できる集合のことを指す。暗号や符号では，実数を直接取り扱うことができないためこの有限体を利用することが必要である。また**環**とは，体の条件のうち，乗法に関する「単位元の存在」，「逆元の存在」，「可換則」の条件を除いたものを満たす集合である。そして**群**とは，一つの演算が定義されていて，その一つの演算に関して「演算が閉じている」，「単位元の存在」，「逆元の存在」，「結合則」の条件を満たす集合である。本書では，群・環・体について深く追わないが，直感的には，群は加減算，環は加減乗算，体は加減乗除算が定義されている集合と考えることができる。

3.1.4 合同と乗法逆元

◆ **定義 3.5 合同** 正の整数 m を一つとり，整数 a, b の差 $a-b$ がこの整数 m の倍数であるとき，a, b は法 m に関して合同であるといい，$a \equiv b \pmod{m}$ と表す。

なお，$a \equiv b \pmod{m}$ のような式を合同式という。合同の記号には「$\equiv$」を使うが，本書では「$=$」で代用することもある。

◎ **例題 3.3** 35 (mod 17)，53 (mod 17) を求めよ。

［解答］

$$35 \equiv 1 \pmod{17}$$
$$53 \equiv 2 \pmod{17}$$

この解答は法で割ったときの余りと考えることができる。

◆ **定義 3.6** Z_n はつぎのような集合を表す。

$$Z_n = \{0, \cdots, n-1\}$$

◎ **例題 3.4** 法 5 での整数の集合 $Z_5 = \{0,1,2,3,4\}$ において，加算表と乗算表を求めよ。

［解答］

+	0	1	2	3	4
0	0	1	2	3	4
1	1	2	3	4	0
2	2	3	4	0	1
3	3	4	0	1	2
4	4	0	1	2	3

×	0	1	2	3	4
0	0	0	0	0	0
1	0	1	2	3	4
2	0	2	4	1	3
3	0	3	1	4	2
4	0	4	3	2	1

Z_5 の加算表と乗算表を見ると，Z_5 は加算と乗算という二つの演算に関して閉じていることがわかる。このように合同という概念を入れることで，無限集合である整数を有限集合に落とし込むことができる。合同式は，暗号演算や符号演算でよく使用されるものである。

◆ **定義 3.7　乗法逆元**　$ax \equiv 1 (\mathrm{mod}\ n)$ であるとき，$x \equiv a^{-1} (\mathrm{mod}\ n)$ と書き，x を法 n での a の乗法逆元と呼ぶ（1 は単位元）。

◎ **例題 3.5**　法 14 での 3 の乗法逆元を求めよ。

［解答］拡張ユークリッドの互除法より $3 \times 5 \equiv 1\ (\mathrm{mod}\ 14)$ となるため，法 14 における 3 の乗法逆元は 5 となる。

Z において $2 \div 3$ は整数の演算結果が存在しないが，Z_{14} においては例題 3.5 より $2 \div 3 = 2 \times 3^{-1} = 2 \times 5 = 10\ (\mathrm{mod}\ 14)$ となり，整数の演算結果が存在する。ここで，有限体の演算において，除算は乗法逆元を計算してから乗算することに注意する。整数演算における単位元は 1 であるため，Z_{14} における 3 の乗法逆元は 5 となる。乗法逆元を求めるには拡張ユークリッドの互除法を用いることができる。具体的には，$ax + by = 1$ の両辺を b で法をとると $ax \equiv 1\ (\mathrm{mod}\ b)$ と変形できるため，x が a の逆元となる。公開鍵暗号の演算ではこのような乗法逆元が使われている。

■ **定理 3.1**　$ax \equiv 1 (\mathrm{mod}\ n)$ となる x が存在する必要十分条件は $\gcd(n, a) = 1$ である。

［証明］略

　例題 3.5 を定理 3.1 に当てはめてみると，$n=14$, $a=3$ であり $\gcd(14, 3)=1$ を満たすため，x（a の逆元）が存在することがわかる。一方，もし $a=4$ であるなら $\gcd(14, 4) \neq 1$ となるため x（a の逆元）は存在しない。つまり，n を素数とすると元 a は必ず逆元をもつことがわかる。多くの公開鍵暗号で法に素数を用いている理由がここにある。なお，整数 a, b に対して，合同式 $ax \equiv b \pmod{n}$ を満たす整数 x を求めることを，合同式を解くという。

◎ **例題 3.6**　合同式 $2x \equiv 1 \pmod{47}$ を解け。

［解答］拡張ユークリッドの互除法より，法 47 における 2 の逆元を求めればよい。$x \equiv 24 \pmod{47}$ となる。

■ **定理 3.2**　a, b を整数，m, n を 1 より大きい整数とする。$\gcd(m, n)=1$ であれば，つぎが成り立つ。

$$a \equiv b \pmod{m} \wedge a \equiv b \pmod{n} \Leftrightarrow a \equiv b \pmod{mn} \tag{3.3}$$

［証明］略

◆ **定義 3.8**　Z_n^* はつぎのような集合を表す。

$$Z_n^* = \{a \mid 1 \leq a \leq n-1, \gcd(a, n)=1\} \tag{3.4}$$

　Z_n^* には $\gcd(n, a)=1$ という条件があるため，定理 3.1 と照らし合わせると，$ax \equiv 1 \pmod{n}$ となる x が必ず存在することになる。つまり，Z_n^* は逆元が必ず存在する元の集合（正則元の集合）となる。

◎ **例題 3.7**　Z_{12}^* および Z_5^* を求めよ。

［解答］
$$Z_{12}^* = \{1, 5, 7, 11\}$$
$$Z_5^* = \{1, 2, 3, 4\}$$

この例題より，n が素数の場合は $n-1$ 以下の正の整数がすべて含まれていることがわかる。このため，暗号技術において法を素数とすると都合がよい場合がある。

3.1.5 便利な定理

〔1〕 オイラーの定理

◆ **定義 3.9　オイラー関数**

$$\varphi(n) = |Z_n^*| \tag{3.5}$$

この定義は，法 n を入力として，法 n における正則元の集合の大きさを出力する関数と考えることができる。

■ **定理 3.3　オイラーの定理**　$\gcd(a, n) = 1$ のとき，$a^{\varphi(n)} \equiv 1 (\mathrm{nod}\, n)$ が成り立つ。

［証明］略

〔2〕 フェルマーの小定理

■ **定理 3.4　フェルマーの小定理**　p が素数のとき，$\forall a \in Z_p^*$ に対して，$a^{p-1} \equiv 1 \pmod{p}$ が成り立つ。

［証明］　$\varphi(p) = |Z_p^*| = p - 1$，およびオイラーの定理より明らか。　■

◎ **例題 3.8**　$80^{192} \pmod{97}$ を求めよ。

［解答］　$(80^{96})^2 \equiv 1^2 \equiv 1 \pmod{97}$

◆ **定義 3.10　位数**　$a \in Z_n^*$ に対して，$a^x \equiv 1 \pmod{n}$ となる最小の正整数 x を a の位数という。

◆ **定義 3.11　原始元**　位数が $n - 1$ となる g を Z_n^* の原始元（生成元）という。

原始元は，Z_n^* において $(n-1)$ 乗して初めて 1 になる数のことである。もしある元 g' が原始元でなければ，その位数 p は $(n-1)$ よりも小さくなるため，g' は p 乗（$p < n-1$）して初めて 1 になる。

 3.2　暗号技術に利用する基本的な問題

ここでは，暗号技術に利用する二つの有名な問題である「離散対数問題」お

および「素因数分解問題」について説明する。

3.2.1 離 散 対 数 問 題

g が Z_p^* の原始元のとき，任意の $y \in Z_p^*$ に対して，$y \equiv g^x (\mathrm{mod}\ p)$ となる x のことを y の離散対数という（離散対数は必ず存在する）。そして**離散対数問題**とは，上記 y の離散対数 x を求める問題のことである。離散対数問題を解く効率的なアルゴリズムはいまのところ見つかっていない。また離散対数仮定とは，この効率的なアルゴリズムが将来的にも見つからないだろうとする仮定のことであり，エルガマル暗号などいくつかの暗号技術は離散対数仮定のもとで計算量的に安全性を保証している。もし多項式時間で離散対数を見つけるアルゴリズムが開発されれば，離散対数問題をベースとした暗号技術が破られてしまうことになる。

3.2.2 素因数分解問題

素因数分解問題とは，$n = pq$ を素因数分解して p, q を求める問題である（p, q は二つの大きな素数）。素因数分解問題を解く効率的なアルゴリズムはいまのところ見つかっていない。また素因数分解仮定とは，この効率的なアルゴリズムが将来的にも見つからないだろうとする仮定のことであり，RSA 暗号などいくつかの暗号技術は素因数分解仮定のもとで計算量的に安全性を保証している。もし多項式時間で素因数に分解できるアルゴリズムが開発されれば，素因数分解問題をベースとした暗号技術が破られてしまうことになる。

 ## 3.3 中国の剰余定理

中国の剰余定理（Chinese remainder theorem, CRT）とは，中国の算術書に由来する整数の剰余に関する定理である。つぎの定理は，簡単のため 2 整数の場合における中国の剰余定理を示している。

■ **定理 3.5　中国の剰余定理**

(a) m, n をたがいに素な正整数とする。$\forall a, b \in Z$ に対して，つぎの連立合同式を満たす $x_0 \in Z$ が存在する。

$$\begin{cases} x \equiv a \ (\text{mod } m) \\ x \equiv b \ (\text{mod } n) \end{cases} \tag{3.6}$$

(b) 整数 x_0 が上式を満たすとき，一般解は $x \equiv x_0 (\text{mod } mn)$ で一意的に与えられる。

[(a) の証明]　$\gcd(m, n) = 1$ より，$mx + ny = 1$ となる整数 x, y が（拡張ユークリッドの互除法より）存在する。この整数 x, y に対して以下のようにおく。

$$s_1 = mx \ (= 1 - ny), \ s_2 = ny \ (= 1 - mx)$$

これによって，$s_1 + s_2 = 1$ という関係式を生成する。

よって，$\begin{cases} s_1 \equiv 0 \ (\text{mod } m) \\ s_1 \equiv 1 \ (\text{mod } n) \end{cases}$, $\begin{cases} s_2 \equiv 1 \ (\text{mod } m) \\ s_2 \equiv 0 \ (\text{mod } n) \end{cases}$ と書ける。ここで，$X = as_2 + bs_1 \ (\text{mod } mn)$ とすると，$X \equiv a(\text{mod } m)$, $X \equiv b(\text{mod } n)$ を満たす。　∎

[(b) の証明]　一般解 $x \equiv x_0 (\text{mod } mn)$ が連立合同式を満たすことは明らかである。つぎに，一般解が一意的であることを示す。整数 x_0 を (3.6) 式の一つの解，整数 x_1 をもう一つの解とする。このとき，$x_0 \equiv x_1 \equiv a(\text{mod } m)$, $x_0 \equiv x_1 \equiv b(\text{mod } n)$ が成り立つ。しかし，定理 3.2 より $x_0 \equiv x_1 \ (\text{mod } mn)$ が成り立つ。よって，一般解が一意的となる。　∎

上記証明において $s_1 + s_2 = 1$ とする意図は，法 m では s_2 が 1 となり，法 n では s_1 が 1 となることから，a か b のどちらかを残すようにすることにある。

◎ **例題 3.9**　$4^{20} \ (\text{mod } 35)$ を求めよ。

[解答]　二つの素数 5 と 7 に対して，それらの積を法としており，$\gcd(5, 7) = 1$ となる。CRT より，$4^{20} \ (\text{mod } 35)$ は，$4^{20} \ (\text{mod } 5), 4^{20} \ (\text{mod } 7)$ を求めれば計算できるため，$4^{20} \ (\text{mod } 5)$ および $4^{20} \ (\text{mod } 7)$ をフェルマーの小定理を用いて求める。

$$4^{20} \ (\text{mod } 5) \equiv (4^4)^5 \ (\text{mod } 5) \equiv 1 \ (\text{mod } 5)$$
$$4^{20} \ (\text{mod } 7) \equiv (4^6)^3 \cdot 4^2 \ (\text{mod } 7) \equiv 2 \ (\text{mod } 7)$$

したがって，以下の連立合同式を解けばよいことになる。

$$x \equiv \begin{cases} 1 \ (\mathrm{mod}\ 5) \\ 2 \ (\mathrm{mod}\ 7) \end{cases}$$

$\gcd(5, 7) = 1$ より，$5x + 7y = 1$ となる整数 x, y が存在する。ここで，$s_1 = 5x$，$s_2 = 7y$ とおくと $s_1 + s_2 = 1$ となり，つぎの関係式を満たす。

$$\begin{cases} s_1 \equiv 0 \ (\mathrm{mod}\ 5) \\ s_1 \equiv 1 \ (\mathrm{mod}\ 7) \end{cases}, \quad \begin{cases} s_2 \equiv 1 \ (\mathrm{mod}\ 5) \\ s_2 \equiv 0 \ (\mathrm{mod}\ 7) \end{cases}$$

拡張ユークリッドの互除法でこれを解くと，$x = 3, y = -2$ を得る。ゆえに，$(s_1, s_2) = (15, -14)$。したがって，$x \equiv 1 \cdot s_2 + 2 \cdot s_1 \equiv -14 + 30 \equiv 16 \ (\mathrm{mod}\ 35)$.

CRT を用いることによって，トータルで計算量を大幅に削減できる。なぜなら，法をたがいに素なより小さい整数に分割し，つぎにフェルマーの小定理を用いて指数を削減しているからである。例えば，RSA 暗号や RSA 署名は法 $n = pq$ 上の演算になるため，RSA 暗号における復号や RSA 署名の生成にこれが適用されている。ここで RSA 署名について考えると，$x = H(m)^d \ (\mathrm{mod}\ n)$ の演算を行う際，この演算はこのまま直接的にも行えるが，CRT を用いて署名の式を p, q を法としたより小さな合同式に分けることで，署名の計算量をやはり大幅に削減できる。

 ## 3.4 ベイズ統計学

ここでは，ベイズ統計学に必要な確率について説明する。

◆ 定義 3.12 条件付き確率 ある事象 A が起こったという条件のもとで事象 B が起こる確率を以下のように表す。

$$P(B|A) = \frac{P(A \cap B)}{P(A)} \tag{3.7}$$

■ 定理 3.6 確率の乗法定理 二つの事象 A, B に対して $P(A \cap B) = P(A) P(B|A)$ が成り立つ。

［証明］ これは条件付き確率の式の変形で容易に導き出せる。　■

◆ 定義 3.13　事象の独立　二つの事象 A, B が独立のとき，$P(B|A) = P(B)$ を満たす。

■ 定理 3.7　独立事象の乗法定理　二つの事象 A, B が独立のとき，$P(A \cap B)$ $= P(A)P(B)$ を満たす。

［証明］　定理 3.6 と定義 3.13 から容易に導き出せる。　　　　　　　　　　■

◆ 定義 3.14　条件付き独立　事象 C が与えられ，二つの事象 A, B が条件付き独立のとき，$P(A, B|C) = P(A|C)P(B|C)$ を満たす。

■ 定理 3.8　ベイズの定理　二つの事象 A, B に対してつぎの関係式が成り立つ。

$$P(A|B) = \frac{P(B|A)P(A)}{P(B)} \tag{3.8}$$

［証明］　定義 3.12 と定理 3.6 から容易に導き出せる。　　　　　　　　　　■

◎ **例題 3.10**　企業 X に届いたメールの添付ファイルに関する統計情報では，PDF である確率は 0.6，マルウェアである確率は 0.3 であった。また，添付ファイルがマルウェアであるときにそれが PDF である確率は 0.4 であった。この企業の添付ファイルが PDF であるとき，それがマルウェアである確率を求めよ。
［解答］　20%

 ## 3.5　情報量とエントロピー

　情報量とは，人が驚愕するような内容ほど多くの情報が含まれている，という直感的な考えに基づくものである。例えば，東から太陽が昇ったという事象は当たり前のこと（100%起こるもの）なのでそこに大した情報は含まれていないが，ある友人が宝くじで 1 億円当たったという事象はほとんど起こらないことなのでその事実に多くの情報を含む。このことから，びっくりするような

内容かそうでないかはその発生確率に関係し，確率が低ければ低いほどその事象の情報量が多くなると考えることができる。情報量はつぎのように確率を用いて定式化できる（単位はビット）。

◆ **定義 3.15　情報量**　確率 p の事象が実際に生起したことを知らせる情報に含まれている情報量は以下で表される。

$$-\log_2 p \tag{3.9}$$

　情報量は一つの事象を扱うが，事象が複数あるときそれぞれの情報量の平均をとるのが自然である。それを**エントロピー**（平均情報量）と呼ぶ。エントロピーの単位もビットであり，つぎのように定義される。

◆ **定義 3.16　エントロピー**　n 個の事象がそれぞれ確率 $P(x_1), P(x_2), \cdots, P(x_n)$ で発生するとき（ただし，確率変数を $X = \{x_1, x_2, \cdots, x_n\}$ とする），エントロピーは以下で表される。

$$H(X) = -\sum_{i=1}^{n} P(x_i)\log_2 P(x_i) \tag{3.10}$$

　エントロピーはある情報源の平均的な情報量と考えることができる。つぎの例題によって，エントロピーの変化について見てみる。

◎ **例題 3.11**　(1) コインの表が出る確率が 50%，裏が出る確率が 50% のときのエントロピーを求めよ。(2) いかさまコインの表が出る確率は 90%，裏が出る確率が 10% のときのエントロピーを求めよ。

[解答]

   (1)　$H(X = \{0, 1\}) = -0.5\log_2 0.5 - 0.5\log_2 0.5 = 1$ ビット

   (2)　$H(X = \{0, 1\}) = -0.9\log_2 0.9 - 0.1\log_2 0.1 \cong 0.47$ ビット

いかさまコインでは事前に偏りの情報が漏れているため，そのコインを情報源とする平均情報量が小さいことがわかる。一方，表と裏が 50% ずつ出るコインは，そのコインの出方について何もわからないため，そのコインを情報源とする平均情報量は 1 ビットの最大値をとる。

つぎに，160 ビットの秘密 $s \in \{s_1, s_2, \cdots, s_{2^{160}}\}$ のエントロピーを考える。例えば，秘密は $s = 10111 \cdots 011$（0/1 が 160 個）と表される。もし s がランダムであるなら，どの値も等確率で出現するため，$P(s_i) = 2^{-160}$, $i \in \{1, 2, \cdots, 2^{160}\}$ となる。このとき，秘密 s のエントロピーはつぎのように計算できる。

$$H(s) = -\sum_{i=1}^{2^{160}} P(s_i)\log_2 P(s_i) = -2^{160} \cdot P(s_1)\log_2 P(s_1) = -2^{160} \cdot 2^{-160}(-160)$$

$$= 160$$

160 ビットの秘密におけるエントロピーの最大値は 160 ビットである。では，どういうときにエントロピーが 160 ビット未満になるかを見てみる。例えば，秘密 s の情報源に対して，「先頭ビットが 1」という情報が事前に漏れている（情報量が 1 ビット漏れている）場合，エントロピーが 159 ビットに低下する。つまり，事前に漏れた情報量の分だけエントロピーが下がる。上記のいかさまコインの例でも事前に表が出やすいという情報が漏れているため，情報源のエントロピーがその分だけ下がっている。

つぎに，攻撃者の立場に立って，秘密 s のエントロピーと全数探索の関係を見ていく。秘密 s のエントロピーが 160 ビット（ランダム）の場合，その情報に対する全数探索は最大で 2^{160} 回となる。もし秘密 s のエントロピーが 160 ビットから 80 ビットに下がった場合，その情報に対する全数探索は最大で 2^{80} 回となる。

◎ **例題 3.12**　160 ビットの秘密 s の情報源に対して，それが偶数であることが漏れているとする。このときエントロピーは 160 ビットから何ビットに低下するかを求めよ。

［解答］　159 ビット

4章
暗号の基本技術

　暗号は古典暗号と現代暗号の2種類に分けることができる。本章では，暗号の基本技術として，古典暗号の説明から入って，現代暗号である共通鍵暗号や公開鍵暗号，鍵共有，ハイブリッド暗号について説明する。

 ## 4.1　古　典　暗　号

　古典暗号は，共通鍵暗号や公開鍵暗号などの現代暗号と比べると実用性はないが，暗号の基礎を学ぶうえでとても重要なものである。

4.1.1　シーザー暗号

　シーザー暗号は単一換字式暗号の一種で，平文の各文字を n 文字分シフトして暗号文を作る暗号である。古代ローマのシーザーが使用したことから，この名称がついている。ただし，アルファベットの種類が26種類であることから，最大25回の総当たりの変換で必ず平文を得ることができるため安全ではない。

　図4.1はシーザー暗号の全体像を示している。まず送信者のアリスと受信者のボブで暗号化鍵「3文字後ろにずらす」が安全に共有されているものとする。アリスは暗号化鍵を使って6文字の平文「caesar」を暗号化し，6文字の暗号文「fdhvdu」をボブに送信する。ボブは受信した暗号文を復号鍵（暗号化鍵の逆：3文字前にずらす）で復号して平文を得る。攻撃者は通信路上の暗号文を入手できるが，暗号化鍵や復号鍵にアクセスできないことが前提である。

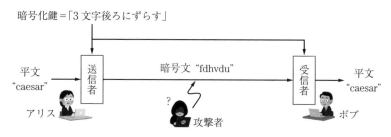

暗号化鍵＝「3文字後ろにずらす」

平文　　　　　　　暗号文 "fdhvdu"　　　　　　　平文
"caesar"　　　送信者　　　　　？　　　受信者　　　"caesar"

アリス　　　　　　　　　攻撃者　　　　　　　ボブ

図4.1　シーザー暗号の全体像

4.1.2　バーナム暗号

バーナム暗号は，1917年にバーナムによって考案された暗号であり，その後1949年にシャノンによって理論的に解読不可能であることが数学的に証明された。バーナム暗号では，平文と乱数列をビットごとに排他的論理和（XOR）をとって暗号化を行う。このとき，平文と同じ長さの乱数列（真性乱数）を暗号化鍵とする。例えば，「sec」は24ビットの文字列であり，それを暗号化するのに24ビットの秘密鍵が必要であり，暗号文も24ビットになる。鍵が暗号化ごとに異なるためワンタイムパッド（One Time Pad, OTP）とも呼ばれる。

バーナム暗号には，理想的なストリーム暗号（4.3.1項）となるため理論的に解読できないという安全性の利点があるが，平文と同じ長さの暗号化鍵を安全に事前共有しないといけないという実用の観点での問題がある。例えば，1GBの平文を暗号化するには1GBの秘密鍵を事前に共有しないといけない。これは，最初から1GBの平文を安全に共有できることを意味するため，暗号化の意味がないことがわかる。

4.2　攻撃者のモデル

サイバーセキュリティを考える際は，攻撃者は誰なのか，攻撃について事前にどのくらいの有益な情報をもつのか，ということを想定してその攻撃者に対する対策をとることが重要である。暗号においても同様であり，想定する攻撃

者が，暗号文を解読するためにどの程度の有益な情報を利用できるかで攻撃の種類を分類する。なお，攻撃者は事前に公開鍵や公開情報を得られるものとし，何らかの準備をしてからターゲットを攻撃するものとする。

・**直接攻撃**：　攻撃者は，事前に暗号文 $c_1, \cdots, c_q$ をランダムに入手してから攻撃を仕掛ける（q は多項式時間で得られる暗号文の個数を意味する）。直接攻撃は暗号文のみを用いるため最も弱い攻撃に属する。シーザー暗号で考えると，事前に複数の暗号文を入手してから平文や秘密鍵を推測する攻撃になる。

・**既知平文攻撃**：　攻撃者は，事前に平文と暗号文のペア $(m_1, c_1), \cdots, (m_q, c_q)$ をランダムに入手してから攻撃を仕掛ける。攻撃者は暗号文に対応する平文を事前に入手できており，直接攻撃に比べて得られる情報が多い。シーザー暗号で考えると，平文と暗号文のペアが入手できるとそこから何文字シフトされているのかを調べることができるため，秘密鍵を推測できる。

・**選択平文攻撃**：　攻撃者は，事前に平文 $m_1, \cdots, m_q$ を自由に選び，それに対応する暗号文を入手してから攻撃を仕掛ける。既知平文攻撃に比べて攻撃者の自由度が上がる。現実において攻撃者が必ずしも選択平文攻撃を実行できるとは限らないので，攻撃者に有利な想定である。シーザー暗号で考えると，平文として aaaaa や abcde を選択してその暗号文を得ることによって，何文字シフトされているのかがよりクリアになる。

・**選択暗号文攻撃**：　攻撃者は，選択平文攻撃に加え，暗号文 $c_1, \cdots, c_q$ を自由に選び，それに対応する平文を入手してから攻撃を仕掛ける。これにより，選択平文攻撃よりもさらに有益な情報が得られる。

 ## 4.3　共通鍵暗号（対称鍵暗号）

共通鍵暗号は対称鍵暗号とも呼ばれ，送信者と受信者が同じ鍵 k を秘密に共有する暗号技術である。**図 4.2** は共通鍵暗号の全体像を示している。まず送信者のアリスと受信者のボブで秘密鍵 k が安全に共有される。アリスは k を使っ

図 4.2 共通鍵暗号の全体像

て平文 m を暗号化し，暗号文 c をボブに送信する。ボブは受信した c を k で復号して m を得る。攻撃者は通信路上の暗号文 c を入手できるが，秘密鍵 k にアクセスできない前提となる。これは，パスワード（共通鍵）を用いてエクセルや PDF ファイルを暗号化して送信するイメージに近い。共通鍵暗号は，ストリーム暗号とブロック暗号に大別される。

4.3.1 ストリーム暗号

ストリーム暗号とは，平文ビット列 $m = (b_1, b_2, \cdots)$，および鍵ビット列 $k = (k_1, k_2, \cdots)$ を用いて，$c_1 = b_1 \oplus k_1$，$c_2 = b_2 \oplus k_2$，$\cdots$ と暗号化していく暗号技術である（**図 4.3** 参照）。ただし，$b_i, k_i, c_i (i = 1, 2 \cdots)$ はそれぞれ 1 ビットを表し，$\oplus$ はビットごとの XOR 演算子を表す。動画などのストリームを暗号化するのに適しており，ずっと流れてくる平文に対して前から順番に，平文の長さに合わせて鍵系列を生成しながら暗号化を続けることができる。バーナム暗号（ワンタイムパッド）に類似するが，秘密鍵の作成方法が異なる。ストリーム暗号では線形シフトレジスタなどを利用して，短い鍵から長い擬似ランダムな鍵系列 k を生成する現実的な構成方法を採っている。ストリーム暗号で最も有名なものに RC4 があったが，これは脆弱性[1] が発見されたことにより暗号危殆

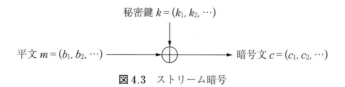

図 4.3 ストリーム暗号

化したアルゴリズムの一つである。

4.3.2　ブロック暗号

ブロック暗号とは，長さ（ブロック長と呼ばれる）n ビットの平文 m をまとめて暗号化する暗号技術である（**図 4.4** 参照）。秘密鍵（共通鍵）を k（l ビット）としたとき，E_k が暗号化関数，D_k が復号関数であり，$D_k(c) = D_k(E_k(m)) = m$ のように表すことができる。ブロック暗号で最も有名なものに AES 暗号がある。

図 4.4　ブロック暗号

〔1〕　**AES 暗号**　2001 年より，**AES**（Advanced Encryption Standard）**暗号**は米国連邦政府の標準暗号になった。それまでは **DES**（Data Encryption Standard）**暗号**が標準暗号であったが，暗号危殆化により AES 暗号が取って代わった。AES 暗号は，ブロック長が $n = 128$ であり，鍵長が $l = 128, 192, 256$ と 3 種類用意されている。また AES 暗号では，128 ビットの平文 m を l ビットの鍵で暗号化して 128 ビットの暗号文 c を得る。ここでは，AES 暗号の中身については割愛する。

〔2〕　**暗号利用モード**　ブロック暗号における各ブロックでは n ビット（AES 暗号では 128 ビット）の平文しか暗号化できない。しかし，実際は n ビットより長いビット列の平文を暗号化したり復号したりするケースが多い。そこで，n ビットより長いビット列の平文 $m = (m_1, \cdots m_t)$（ただし，$|m_i| = n$）を秘密鍵 k で暗号化／復号できるようにするために，いくつかの**暗号利用モード**が提案されている。ここでは，3 種類の暗号利用モードと近年注目されている認証付き利用モードを紹介する。

(1) ECB モード **ECB**（Electronic CodeBook）**モード**はブロックを単純につなぎ合わせた暗号利用モードである。**図 4.5**のように各 m_i をブロック暗号 E_k でそれぞれ単純に暗号化する。しかし，この暗号利用モードにはつぎの二つの問題点がある。

・暗号文のブロックを入れ替える攻撃が可能である。例えば，yes を表す暗号文と no を表す暗号文を入れ替えることによって，yes と no の平文を入れ替えることが可能となる。

・リプレイ攻撃（再送攻撃）が可能である。例えば，yes を表す暗号文を一旦入手できると，同じ秘密鍵を使っている限りその暗号文を再利用できる。

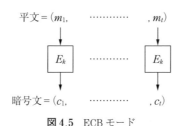

平文 $= (m_1, \quad \cdots\cdots\cdots\cdots \quad , m_t)$

暗号文 $= (c_1, \quad \cdots\cdots\cdots\cdots \quad , c_t)$

図 4.5 ECB モード

ECB モードは上記のような問題があるため実際には使われていない。そこで，ECB モードの問題点を解決するためにいくつかの暗号利用モードが提案されている。ここでは，有名な暗号利用モードである CTR モードと CBC モードについて説明する。

(2) CTR モード（カウンタモード） **CTR**（CounTeR）**モード**とは，カウンタ値を暗号化してストリーム暗号のように振る舞うモードである。ブロック入れ替え攻撃やリプレイ攻撃に耐性をもつ。また，暗号化処理＝復号処理のため，暗号化関数のみを実装すればよいという利点をもつ（復号関数は不要）。さらに，ECB モードと同様に暗号化／復号の並列処理が可能である。ただし，平文のビット反転が可能であるという問題がある。

図 4.6 は CTR モードの流れを示したものである。カウンタ値（ctr）は乱数であり，送受信者間で事前に共有されているものとする。E_k は入力

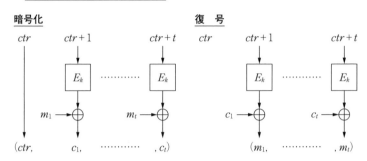

図 4.6 CTR モードの流れ

が少しでも変化すると出力が大きく変化する擬似ランダム置換であるた
め，ctr が 1 増えるとまったく異なる擬似乱数が出力される。まず一つ目
の平文については，平文 m_1 と擬似乱数となる $E_k(ctr+1)$ を XOR して暗
号文 c_1 を生成する。二つ目の平文については，ctr を一つ増やして同様の
処理を行う。これを平文 m_t まで繰り返す。なお，各処理の ctr が事前に
計算できるため並列処理が可能となる。復号においては，同じ値を 2 回
XOR すると元に戻るという性質を利用して，ctr から擬似乱数を生成した
後，暗号化と同じように擬似乱数を XOR することで元の平文に戻る。こ
れも平文 m_t が出力されるまで繰り返す。XOR はビットごとの XOR であ
るため，平文のある 1 ビットを反転したい場合，それに対応する暗号文の
1 ビットのみを反転すればよい。しかしそれは，平文の値がある程度改ざ
ん可能であるという欠点でもある。

(3) CBC モード　　CBC（Cipher-Block Chaining）モードとは，平文ブ
ロックと直前の暗号文ブロックを XOR してから暗号化を行うモードであ
る。こちらもブロック入れ替え攻撃やリプレイ攻撃に耐性をもつ。また，
CTR モードのビット反転問題を解決している。ただし，暗号化において
並列処理ができない，ビットエラーが波及するといった問題がある。

　図 4.7 は CBC モードの流れを示したものである。初期化ベクトル（IV）
は乱数であり，送受信者間で事前に共有されているものとする。まず一つ
目の平文については，IV と平文 m_1 を XOR してから暗号化を行う。二つ

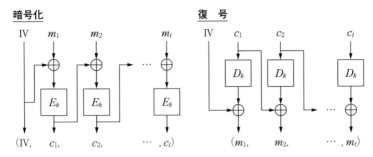

図 4.7 CBC モードの流れ

目の平文については，直前の暗号文ブロック c_1 と平文ブロック m_2 を XOR してから暗号化を行う。これを平文 m_t まで繰り返す。ここで，各処理がつながっているため並列処理ができないことに注意する。復号においては，同じ値を 2 回 XOR するとキャンセルされるという性質を利用して，暗号文を復号して得られた値と直前の暗号文ブロック（第 1 番目は IV になる）を XOR して平文を得る。これも平文 m_t が出力されるまで繰り返す。

　ここで暗号文のビットエラーがどこまで波及するかについて調べる。仮に c_1 が 1 ビット反転したとする。このとき，m_1 が乱数になり，m_2 は対応する位置の 1 ビットだけ反転し，m_3 以降は反転しない。したがって，隣のブロックまでエラーが波及することがわかる。

(4) 認証付き利用モード　暗号利用モードには，平文の改ざん検知が可能となる（認証がついている）ものがあり，それを認証付き利用モードと呼ぶ。ここでは 3 種類の認証付き利用モードを紹介する。

・**CCM**（Counter with CBC-MAC）**モード**：　CTR モードによる暗号化関数と CBC-MAC（5.3 節参照）を組み合わせたものである。暗号化関数と MAC の鍵は同じ秘密鍵を使用する。NIST SP 800-38C で規定され，電子政府推奨暗号リストにも登録されており，OpenSSL でも実装済みである。

・**GCM**（Galois/Counter Mode）**モード**：　CTR モードによる暗号化関数とガロア体上のユニバーサルハッシュ関数 GHASH を利用した MAC

で構成される。NIST SP 800-38D で規定され，電子政府推奨暗号リスト
にも登録されている。

・**CWC**（Cater Wegman with Counter）**モード**： CTR モードによる暗号
化関数とユニバーサルハッシュ関数（シフトレジスタベース）を利用し
た MAC で構成される。OpenSSL で実装済みである。

上記の暗号利用モードの暗号化がすべて CTR モードであることに注意し
てほしい。CTR モードの唯一の弱点が平文のビット反転（平文の改ざん）
であったが，改ざん検知がついている認証付き暗号利用モードではその弱
点が克服される。

 ## 4.4　公開鍵暗号（非対称鍵暗号）

　公開鍵暗号とは，暗号化鍵を公開し，復号鍵のみを秘密にする暗号技術であ
る。暗号化鍵と復号鍵が異なるため，非対称鍵暗号とも呼ばれる。鍵を公開す
ることは危険なように思えるが，公開鍵から秘密鍵を求めることが困難である
ため十分に成立する。例えば，南京錠をイメージすると公開鍵の理解が進む。
誰でも鍵をかける（暗号化する）ことができるが，鍵をもっている特定の人だ
けが鍵を開ける（復号する）ことができるという非対称な点で類似している。

　図 4.8 は公開鍵暗号の全体像を示している。まずアリスはボブの公開鍵 pk
をダウンロードしておく。アリスは公開鍵 pk を使って平文 m を暗号化し，得
られた暗号文 c をボブに送信する。ボブは受信した c を自分の秘密鍵 sk で復
号して m を得る。攻撃者は公開鍵 pk と通信路上などの暗号文 c を入手できる
が，秘密鍵 sk にはアクセスできない前提となる。

　公開鍵暗号を使用する大きなメリットとして，鍵共有の問題が解消されるこ
とが挙げられる。公開鍵暗号では暗号化鍵を公開できるため，暗号化鍵を秘密
裏に配送する必要がないからである。例えば，公開鍵を Web ページに公開す
ることによって相手に渡すことが可能となる。なお，公開鍵から秘密鍵がわか
らないということには 3.1 節の初等整数論が重要な役割を果たしている。公開

図 4.8 公開鍵暗号の全体像

鍵暗号の安全性は離散対数問題や素因数分解問題などをベースにする。

4.4.1 素因数分解問題ベースの暗号

素因数分解問題の困難性に基づく公開鍵暗号で最も有名な方式として，**RSA暗号**がある。これは世界初の公開鍵暗号である。RSA暗号は，1978年に Rivest, Shamir, Adleman によって発明された公開鍵暗号であり，発明者の頭文字をとって RSA 暗号と呼ばれる。ここでは，RSA 暗号の基本アルゴリズム（**plain RSA暗号**）の手順 ① ～ ③ について詳細に述べる。

① **鍵生成**： 受信者のボブが鍵生成を実行する。まず二つの大きな素数 p, q を生成し，$n = pq$ を計算する。つぎに，$\gcd(\lambda(n), e) = 1$ となる e をランダムに選び（$\lambda(n) = \mathrm{lcm}(p-1, q-1)$），拡張ユークリッドの互除法を用いて $ed \equiv 1 \pmod{\lambda(n)}$ となる d を求める。ボブは，公開鍵 $pk = (n, e)$ を公開し，秘密鍵 $sk = (d, p, q)$ を安全に保持する。このとき，pk から sk を求めることが難しくなっている。特に，p, q を求めるには n を素因数分解する必要がある。また，d を求めるには法 $\lambda(n)$ において e の乗法逆元を求める必要があり，そのためには $\lambda(n)$ を求めねばならないが，$\lambda(n)$ を求めるにはやはり n を素因数分解する必要がある。したがって，秘密鍵は素因数分解問題の困難性により，守られることになる。

② **暗号化**： 送信者のアリスが暗号化を実行する。ボブの公開鍵 (n, e)，および平文 $m \in Z_n$ を入力として，暗号文 $c \equiv m^e \bmod n$ を計算する。ただ

し，平文 m は n 未満の整数になるため，長い平文を暗号化できないこと
に注意する。暗号化後，アリスは暗号文 c をボブに送る。

③ **復　号**：　受信者のボブが復号を実行する。秘密鍵 d，および暗号文 c
を入力として，平文 $m \equiv c^d \bmod n$ を求めることができる。復号を高速に
行う方法として，中国の剰余定理（CRT）を使う方法がある（3.3 節参照）。

上記で説明した plain RSA 暗号はナイーブな方式であり，このままでは安全性
に問題がある。そこで，選択暗号文攻撃に対して安全であり実用化されている
RSA 暗号として，RSA-OAEP がある。**OAEP**（Optimal Asymmetric Encryption
Padding）とは，決定性暗号系を安全に利用するための平文パディング手法で
あり，RSA 暗号の前後に組み込まれてその安全性を向上させる。

4.4.2　離散対数問題ベースの暗号

離散対数問題の困難性に基づく公開鍵暗号として最も有名な方式に**エルガマ
ル暗号**がある。ここでは，エルガマル暗号の基本アルゴリズムについて詳細に
述べる。

① **鍵生成**：　受信者のボブが鍵生成を実行する。まず大きな素数 p，および
Z_p^* 上の位数 q の元 g を選ぶ。$x \in Z_q$ をランダムに選び，$y \equiv g^x \bmod p$ を計
算する。ボブは，公開鍵 $pk = (p, q, g, y)$ を公開し，秘密鍵 $sk = x$ を安全に
保持する。このとき，離散対数問題の困難性より，pk から sk を求めるこ
とが難しくなっている。

② **暗号化**：　送信者のアリスが暗号化を実行する。ボブの公開鍵 (p, q, g, y)，
平文 $m \in Z_p$，および乱数 $r \in Z_q$ を入力とし，暗号文 $c = (c_1, c_2) \equiv (g^r \bmod p,$
$my^r \bmod p)$ を計算する。ただし，平文 m は n 未満の整数になるため，
長い平文を暗号化できないことに注意する。暗号化後，アリスは暗号文 c
をボブに送る。

③ **復　号**：　受信者のボブが復号を実行する。秘密鍵 $sk = x$，および暗号文
$c = (c_1, c_2)$ を入力として，平文 $m \equiv c_2 c_1^{-x} \bmod p$ を求めることができる。

4.5　鍵　共　有

データの暗号化は高速処理が可能な共通鍵暗号で行うことが多い。そのためには，暗号文の送受信者で事前に秘密鍵を共有している必要がある。では，ネットワーク上のアリスとボブはどのように秘密鍵を共有すればよいだろうか。以下でその方法を述べる。

4.5.1　基本的な鍵共有法

基本的な鍵共有法として，公開鍵暗号を用いた秘密鍵の共有方法がある。この手順について説明する。

① アリスが公開鍵 pk_a を公開し，それに対応する秘密鍵 sk_a を秘密に保持する。

② ボブが pk_a を事前にダウンロードしておく。

③ ボブは共通鍵 k（擬似乱数）を生成して，pk_a で暗号化してできた $E_{pk_a}(k)$ をアリスに送信する（予備通信）。

④ アリスは sk_a で $E_{pk_a}(k)$ を復号して共通鍵 k を得る。

4.5.2　DH 鍵 共 有 法

4.5.1 項で述べた公開鍵暗号を用いた共通鍵の共有方法では，二者間に予備通信が必要であった。つまり，アリスとボブが事前に直接通信をしないといけない。これに対して，1976 年に Diffie と Hellman は，アリスとボブの間で予備通信をせずに秘密鍵を共有できる **DH 鍵共有法** を提案した[2]。さらに，DH 鍵共有法を楕円曲線上で定義した **ECDH 鍵共有法** がある[†]。これらはアリスとボブの双方が公開鍵を作成して公開するものである。なお，この方式は IPsec や TLS/SSL など多くのセキュリティプロトコルで採用されている。

[†]　楕円曲線上で定義した暗号技術は，そうでない暗号技術に比べ，より短い鍵長で同等の安全性を提供できる。例えば，鍵長 2048 ビットの DH 鍵共有法と 224 ビットの ECDH 鍵共有法は同等の安全性をもつ[3]。EC は elliptic curve の略である。

・プロトコルの手順

① **システムパラメータ**：　大きな素数 p, および Z_p^* 上の位数 q の元 g が与えられる。

② **鍵生成アルゴリズム**：　アリスは, $a \in Z_q$ をランダムに選んで, $y_a \equiv g^a \bmod p$ を計算し, y_a を公開鍵として公開して, a を秘密鍵として安全に保持する。ボブも同様に, $b \in Z_q$ をランダムに選び, $y_b \equiv g^b \bmod p$ を計算し, y_b を公開鍵として公開して, b を秘密鍵として安全に保持する。

③ **鍵共有アルゴリズム**：　アリスは自分の秘密鍵 a, およびボブの公開鍵 y_b を入力として, $k_a \equiv (y_b)^a \bmod p$ を計算する。同様に, ボブは自分の秘密鍵 b, およびアリスの公開鍵 y_a を入力として, $k_b \equiv (y_a)^b \bmod p$ を計算する。ゆえに, $k \equiv k_a \equiv k_b \equiv g^{ab} \bmod p$ となり, アリスとボブで秘密鍵 k を共有できる。実際, k はマスター鍵として使用されることが多く, これをシードとしてセッションキーを作成していくことになる。アリスとボブが直接通信することなく, おたがいの公開鍵をダウンロードして, それぞれが独立して同じ共通鍵を作成できることが特徴である。

4.6　ハイブリッド暗号

ハイブリッド暗号とは, 共通鍵暗号と公開鍵暗号の長所を組み合わせて構築する暗号方式である。共通鍵暗号は演算処理が高速であるという長所をもち, 公開鍵暗号は鍵配送が容易であるという長所をもつ。**図4.9**は, 公開鍵を鍵配送に使用する単純なハイブリッド暗号を示している。ここでは, アリスが機密

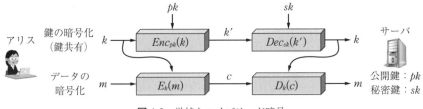

図4.9　単純なハイブリッド暗号

データ m をサーバに送信するシーンを考える。秘密鍵 k の共有には公開鍵暗号における暗号化関数と復号関数の組（*Enc, Dec*）を利用し，データの暗号化には共通鍵暗号における暗号化関数と復号関数の組（*E, D*）を利用する。まず，アリスはサーバの公開鍵 *pk* を用いて秘密鍵 k を暗号化する（$k' = Enc_{pk}(k)$）。つぎに，秘密鍵 k を用いて機密データ m を暗号化する（$c = E_k(m)$）。その後，アリスは k' と c をサーバに送信する。サーバは公開鍵 *pk* に対応する秘密鍵 *sk* を知っているので，*sk* で k' を復号して秘密鍵 k を得る。それから，サーバは k を使って c を復号して機密データ m を得る。ただし，図のようなハイブリッド暗号は IPsec（RFC6379）や TLS1.3（RFC8446）では使用されなくなったことに注意が必要である。具体的には，公開鍵暗号による鍵共有が廃止され，事前共有鍵を用いた方法または DH 鍵共有法（ECDH 鍵共有法を含む）のみが使用可能になっている。

4.7　実験B：RSA暗号の common modulus attack

　安全な暗号方式も間違った使いかたをすれば安全でなくなることがある。例えば，plain RSA 暗号において，平文 $m \in Z_n$ を n が同一かつ $\gcd(e_1, e_2) = 1$ $(e_1 \neq e_2)$ となる公開鍵 $(n, e_1), (n, e_2)$ でそれぞれ暗号化した場合，公開情報のみから平文 m を復元できてしまう。この攻撃は common modulus attack と呼ばれる。

　実験B では，plain RSA 暗号において上記のようなパラメータ設定で平文 m を解読する実験を行う。ここでは，平文 m を解読する簡単な Python プログラムを実装して実行することで，解読されるリスクを体験する。具体的には common modulus attack を用いて，公開情報のみから plain RSA 暗号の平文を解読できることを見て，暗号方式の適切な使いかたの重要性を学ぶ。

[**common modulus attack の仕組み**]
暗号文はそれぞれ，$c_1 \equiv m^{e_1} \bmod n, c_2 \equiv m^{e_2} \bmod n$ $(e_1 \neq e_2)$ で与えられる。ここで，拡張ユークリッドの互除法より，$e_1 x + e_2 y = \gcd(e_1, e_2) = 1$ を満たす (x, y) を求めること

ができる（x, y のどちらかが負）。ここで，$x < 0$ と仮定すると，以下のように公開情報 c_1, c_2, x, y を用いて平文 m を解読できる。

$$(c_1^{-1})^{-x} c_2{}^y \equiv c_1{}^x c_2{}^y \equiv (m^{e_1})^x (m^{e_2})^y \equiv m^{e_1 x + e_2 y} \equiv m \pmod{n}$$

［具体的な実験手順］

1. common modulus attack の条件 $\gcd(e_1, e_2) = 1$ を満たす公開情報 n, e_1, e_2, c_1, c_2 が与えられる（法 n は 2048 ビット）。

2. 下記のコード例にある Python プログラムを実行して平文 m を解読する。

［実験結果について］

1 秒もかからずに $m =$「3852093433388909871042206747752035218878 69232500」が解読され，さらにこれを ASCII 文字コードに変換することによって「Cybersecurity Secret」という 20 文字（160 ビット）を得る。

［コード例］

```python
import binascii
from Crypto.Util.number import inverse

def exgcd(a, b):  # 拡張ユークリッドの互除法
  if a == 0:
    return [b, 0, 1]
  else:
    g, y, x = exgcd(b % a, a)
    return [g, x - (b // a) * y, y]

def rsa_break(n, e1, e2, c1, c2):
  g, x, y = exgcd(e1, e2)
  if x < 0:
    x = abs(x)
    c1_inv = inverse(c1, n)
    m = (pow(c1_inv, x, n) * pow(c2, y, n)) % n
  else:
    y = abs(y)
    c2_inv = inverse(c1, n)
    m = (pow(c1, x, n) * pow(c2_inv, y, n)) % n
  return m

def main():
  n=
0xc31b570213d0b25bb7e8d389a7d56f82742869c86896f59df05292a74d8d
59c3370f7c6b6f3b590eed6e74cb8449d41e3bf425b5371e7bfb6548ae273f
6f15554e0622957c4c1a7a6b89530ce7a607f1cf88483276d145a468af9f50
d76515f96757f720481ebf795ca05a9a764be3dda865ea33f00c2e60238b38
5d28740d57046687923b3db980abc3917dae08433eff0f304a37d41dcaa822
```

```
3f8b49f9b82abc75881831c18c1d6f82501f9e258e6fbac8873dbce815f980
b1cad42baef010e067069869ebb4ae75dea417a1e03e784ba0f4c88a5c040e
4b0cc04ad1050e42b90f07b78cf73129c02bb7d088cbac7e8cb1ecd79c03f4
dc67eec68f5ed8e747
  e1 = 0x10001
  e2 = 0x1001
  c1 =
0x7f5089ad2677414f0045200790a08d113c0107080759e6dc1d4369a582c0
7ccba6c43463fa04a554d82c70ae8cf6032d68d5f8d94ddc31e75137f02adf
bea4d3c446381c6fe05e24c131686b0a6c74fbabd2237b54ad8f0a33a04cd7
8cce9dfcb6af445f2736c62de4447af001d03e51d7491f165c2169027b0a7c
abeb2657b451f06fd2064f91ace6d99fe961598fb0cd95bee5741751ada4bc
cd2726452e6d9407cfb0b0e6795fbba4e85e6fb7fd7be80afb5fdba604dc59
afb0a3c434829c750cdc7d99f09ee44a58254e92feb5def2393d29023a9a68
eaf6e4fc90d76893e0830f12b42c6137dc274172b67ac89b895dc806bc81c1
626af39431dcd28e
  c2 =
0x88b51023813de17b3180bcab8273e4c7cb9b78b1a42d26f556260c4b600b
2b24b73cfc7944e2bfa274eaec155763bf80445c2b985af73bebda04a68550
fe4e43c19ec07d169c28560934e4cb59854c351a51995ee4457751465ddf27
52a1b67f580d26aa6d78086463601d8aba0449c2d4b3eb24a252c1569cb870
5d5c43b12748a0bd0ed5bfc9d4d23f1d56f335a265d796a16f2921a491f3d8
583f693db59c69af644389a5f9de96f07280560dd2df804e3e9acfebe59c76
fe4e682a3cb00d88d61dade529dd9281e53ee7f59c1532ec84d07d092b0ae2
52713a32c148a5490ac0bb0ec78b0ba8c6d2d3a93acc3e3a5cefa3bb6bad47
6288ab4365c7cdb773
  m = rsa_break(n, e1, e2, c1, c2)
  print('m =', m)

  h = format(m, 'x')   # 整数から 16 進文字列（0x なし）へ変換
  print(binascii.unhexlify(h))   # 16 進文字列（0x なし）から文字列へ
                                   の変換

if __name__ == '__main__':
  main()
```

引用・参考文献

1）　Diffie, W., Hellman, M. E.: New Directions in Cryptography, IEEE Transactions on Information Theory, **IT-22**, 6, pp.644〜654（1976）

2）　Vanhoef, M., Piessens, F.: All Your Biases Belong to Us: Breaking RC4 in WPA-TKIP and TLS, USENIX Security Symposium, pp.97-112（2015）

3）　Barker, E.: Recommendation for Key Management: Part1-General,NIST Special Publication 800-57 Part1 Rev.5（2020）

5章
認証の基本技術

近年のディジタル社会の普及において，インターネットを介してディジタル情報をやりとりする機会が増えている。こうした対面で人を確認できない環境においては，通信している相手が本人かどうか，通信内容が意図されたものかどうかを確認する手段である**認証**が極めて重要になる。特に，ディジタル情報は容易に品質の劣化なく複製できることに注意が必要である。本章では，暗号技術をベースとする認証手法とその関連技術について説明する。

 ## 5.1 暗号学的ハッシュ関数

暗号学的ハッシュ関数とは，暗号技術の用途に適する暗号数理的性質をもつハッシュ関数のことである。まずは，暗号学的ハッシュ関数の安全性，特に衝突に関連するバースデイパラドックスについて説明し，その後に暗号学的ハッシュ関数の性質について述べる。

5.1.1 バースデイパラドックス

「同じ誕生日の人がいる確率が 50 ％を超えるには，最低で何人集まればよいか？（2/29 を除く）」という有名な誕生日クイズがある。このクイズにおいて，誕生日の一致する確率が想像以上に高くなることを**バースデイパラドックス**と表現する（クイズの答えは 23 人）。これを計算するには，一様かつ多数に存在する n 種類（誕生日クイズでは $n=365$）の異なるデータから k 個（誕生日クイズでは k は集まった人数）のデータを入手した際，同じデータが少なくとも一つ存在する確率を求めればよい。その確率は以下となる。

$$1 - \frac{n!}{n^k(n-k)!} \tag{5.1}$$

また，n が十分大きいとき，テイラー展開を用いた近似式を適用して，式 (5.1) は次式のように近似できる（$e^x \cong 1 + x$ を利用）。

$$1 - e^{-\frac{k(k-1)}{2n}} \tag{5.2}$$

さらに，同じデータが少なくとも一つ存在する確率が 50% を超えるとき，以下が成り立つ。

$$k \approx \sqrt{n} \tag{5.3}$$

これは，k の値が n のルートオーダ程度になることを示している。誕生日クイズにこの式を当てはめると，$\sqrt{n} \cong 19.1$ であるため，理論的には 19 人程度集まれば同じ誕生日の人がいる確率が 50% を超えることを意味する。これは，暗号学的ハッシュ関数の衝突に関係する非常に重要な理論的結果である。つまり，n を膨大にすることによって，衝突を見つけることが困難になる。

5.1.2　暗号学的ハッシュ関数

暗号学的ハッシュ関数は，任意長のメッセージ m から k ビット固定長（例えば 256 ビット）のハッシュ値 $H(m)$ を生成する関数である。ハッシュ値は，ある任意の入力メッセージに対して高速に計算可能であり，同じハッシュ関数に同じ入力を与えれば，毎回同じハッシュ値を生成する（入力メッセージが少しでも異なればハッシュ値はまったく異なる値になる）。バースデイパラドックスにおいて，m を人の ID，$H(m)$ を誕生日と考えるとわかりやすい。

暗号学的ハッシュ関数は，つぎの三つのセキュリティの性質を満たす。

◆ **定義 5.1　衝突計算困難性**　$H(x) = H(y)$ を満たす x と y の組を求めることが困難となる性質のことである。

◆ **定義 5.2　原像計算困難性**　$H(x)$ から x を求めることが困難となる性質のことである。

◆ 定義 5.3　第二原像計算困難性　ある x とそのハッシュ値 $H(x)$ が与えられたとき，$H(x) = H(y)$ となる y を求めることが困難となる性質のことである。

　衝突計算困難性と第二原像計算困難性は類似する性質であるが，その違いに着目してみよう。バースデイパラドックスで考えると，衝突計算困難性は同じ誕生日のペアを探すことを意味し，第二原像計算困難性は特定の人と同じ誕生日の人を探すことを意味する。そのため，衝突計算困難性の方が第二原像計算困難性より衝突しやすい性質であるといえる。安全性を考える際は，より衝突しやすい性質である衝突計算困難性においてもなお安全になるように設計される。

　暗号学的ハッシュ関数は，ファイルの改ざんチェックにも使用できる。ファイルそのものを入力メッセージとし，生成されたハッシュ値を改ざんされないように安全に保管していればよい。ただし，メッセージとそのハッシュ値が Web 等に一緒に置かれている場合，改ざんチェックに使えないことに注意する。なぜなら，メッセージの改ざんとともにハッシュ値も改ざん可能であるためである。

5.1.3　SHA

　暗号学的ハッシュ関数で最も有名なものに **SHA**（Secure Hash Algorithm）がある。SHA はアメリカ国立標準技術研究所（NIST）によって標準のハッシュ関数 Secure Hash Standard に指定されており，SHA-0，SHA-1，SHA-2，SHA-3 の 4 種類に大別される。2005 年に SHA-1 に脆弱性が発見されたことにより[1]，2020 年 12 月現在は SHA-2 が主流である。SHA-2 は，ハッシュサイズに応じて複数用意されており，SHA-224, SHA-256, SHA-384, SHA-512, SHA-512 / 224, SHA-512 / 256 があり，TLS / SSL，PGP，SSH，S / MIME，IPsec などに採用されている。

 ## 5.2　暗号学的ハッシュ関数の応用

　暗号学的ハッシュ関数の応用は数多くある。その代表的なものとして，ここ

ではコミットメント，ハッシュチェーン，マークルツリーについてとりあげて
説明する。

5.2.1 コミットメント

コミットメントは「約束・公約」という意味で使われることが多いが，ここ
では秘密 s を封印することを意味する。コミットメントを用いることによっ
て，ユーザは秘密裏に値をコミットすることができる。また，ユーザはあとで
コミットされた値を明らかにすることが可能であるとともに，一度コミットし
た値をあとから変更することが事実上不可能となる。以下では，アリス（送信
者）がボブ（受信者）に対して秘密 s をコミットすることを考える。ただし，
アリスとボブの間で暗号学的ハッシュ関数 H が合意されているものとする。
ナイーブなコミットメントの具体的な手順は以下のとおりである。

① アリスは乱数 r を生成し，ボブに $c = H(s \| r)$ を送信することで s に対し
　て c をコミットする。このとき，c を公開することで，s を明かさずに s
　を確定できる。

② s を明かす際，アリスはボブに s と r を送信する。

③ ボブは s と r を用いて $c \overset{?}{=} H(s \| r)$ を検証する。

直感的にも，H が原像計算困難性および衝突計算困難性をもてば，c を公開し
ても安全であることがわかる。また，コミットメントはつぎのような隠蔽と束
縛という二つの性質をもつ。

・隠蔽：　c を公開したとしても，受信者はコミットされた値 s について何
　もわからない。

・束縛：　c を公開した後，送信者はコミットした値 s を変更することがで
　きない。

5.2.2 ハッシュチェーン

コミットメントを応用した技術に**ハッシュチェーン**がある（**図5.1**参照）。
ハッシュチェーンとは，あるデータに対して暗号学的ハッシュ関数を繰り返し

適用したものであり，1981 年に Lamport により発明された技術である[2]。長さ l のチェーンを生成するために，チェーンの最後の要素である s_l をランダムシードとして選び，そこから暗号学的ハッシュ関数を l 回適用する。

$$s_i = H^{l-i}(s_l) \tag{5.4}$$

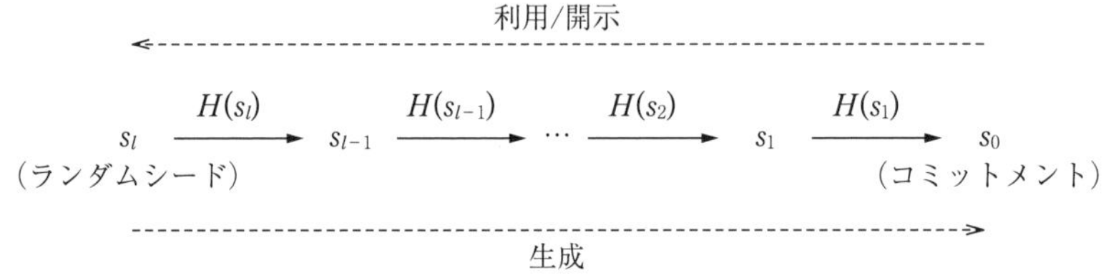

図5.1　ハッシュチェーン

s_0 は自身を除くハッシュチェーン全体へのコミットメントとなる。s_0 が公開されている最初の段階では，$s_1 \cdots s_l$ は秘密に保持しておく。

　ハッシュチェーンは，ワンタイムパスワードでも使用されており（5.3.3項参照），s_0 を公開できることから非対称鍵暗号のような性質をもつといえる。つまり s_0 が公開鍵，s_1 が最初の秘密鍵（パスワード）となり，s_1 を知っているユーザ（ハッシュチェーンを作成した者）のみが認証されるといった使いかたができる。このとき s_0 が検証鍵となる。さらに，s_2 がつぎのパスワードとなり，s_l まで各パスワードを一度だけ使っていくことができる。

5.2.3　マークルツリー

　ハッシュチェーンを応用した技術に**マークルツリー**（**図5.2**参照）がある。マークルツリーは，暗号学的ハッシュ関数を用いた二分木である。これは，ペアのデータをハッシュ化し，そのハッシュ出力をさらにハッシュ化するといったことを，マークルルートと呼ばれるルートノードまで繰り返す。図では，$A \sim H$ の八つの値を葉ノードに割り当て，一番上のマークルルートがコミットメントになっている。例えば，ビットコインでは，ブロックチェーンにおけるブロック内のトランザクションが葉ノードに配置される（図では，$A \sim H$ が各トランザクションに対応）。ハッシュチェーンはマークルツリーの縦の方向で使

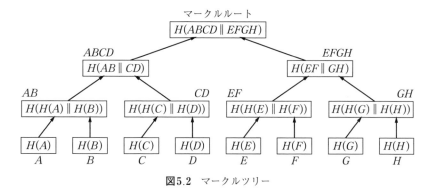

図5.2　マークルツリー

われており，一つのコミットメントによって複数の秘密をコミットできる構成
になる。マークルツリーは，コミットメントであるマークルルートを固定する
ことで，ハッシュチェーンと同様に耐改ざん性を有する。つまり，$A \sim H$の一
つでも改ざんされるとマークルルートが合わなくなる。

　マークルルートは，検証が非常に効率的に行えるという特徴をもつ。例え
ば，図の A の正当性を検証したい場合，A とすでに計算された $H(B)$, $H(H(C) \| H(D))$, $H(EF \| GH)$ の三つのハッシュ値だけでマークルルートを計算でき，計
算結果がマークルルートと等しいかどうかを確認すればよい。検証にかかる計
算量は葉ノード数の log オーダとなる。

 5.3　メッセージ認証コード

メッセージ認証コード（Message Authentication Code, MAC）は対称鍵暗号
技術の一つであり，攻撃者による送信者のなりすましや送信中のメッセージの
改ざんを検知できる技術である。対称鍵暗号技術であるため，非常に高速に計
算可能である利点をもつ。なお，MAC は認証子（*tag*）とも表す。

・**MAC の利用手順**　　図 5.3 は MAC の全体像を示している。アリス（送
　信者）はメッセージ m をボブ（受信者）に認証付きで安全に送りたいと
　思っている。アリスとボブは何らかの方法で秘密鍵 k を共有しているもの

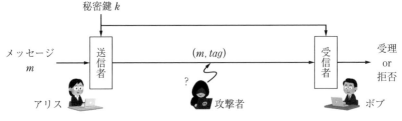

図5.3 MAC の全体像

とする。アリスは秘密鍵 k を使って m の tag を作成し，m とともにボブに送信する。ボブは，(m, tag) から秘密鍵 k を使って m が改ざんされていないことを確認できる。ここでは，攻撃者は通信路上の (m, tag) を入手できるが，k は入手できない前提である。

5.3.1 ブロック暗号を用いた構成法

ブロック暗号を用いた MAC で最も有名なものに **CBC-MAC** がある。これは，前章で説明したブロック暗号の暗号利用モードの一つである CBC モードを利用した MAC であり，SHA-256 を使用することで 256 ビット出力をもつ。ここでは簡単のため，ナイーブな CBC-MAC 方式について説明する。

E_k を n ビット入出力のブロック暗号とし，メッセージを $m = (m_1, m_2, \cdots, m_t)$，$|m_i| = n$ とすると，認証子は次式で表される。

$$c_1 = E_k(m_1),\ c_2 = E_k(c_1 \oplus m_2), \cdots, c_t = E_k(c_{t-1} \oplus m_t),\ tag = c_t \qquad (5.5)$$

メッセージの長さが固定の場合，ナイーブな CBC-MAC 方式は選択平文攻撃に対して安全であることが証明されている。ただしメッセージが可変長の場合，偽造が可能であることに注意する。安全な CBC-MAC として OMAC[3] などが提案されている。

5.3.2 ハッシュ関数を用いた構成法

ハッシュ関数をベースとした MAC に **HMAC**（Hash-based MAC）がある。HMAC は 1997 年に Krawczyk らにより提案（RFC2104 として公開）されたも

のであり，具体的な構成は次式で表される。ハッシュ関数 H には SHA-256 などが使用される。

$$HMAC_k(m) = H((k \oplus opad) \| H((k \oplus ipad) \| m)) \tag{5.6}$$

m はメッセージ，k は秘密鍵であり，$opad$ と $ipad$ は 64 オクテットのパディングである。また，64 オクテットのパディングは，$ipad = 0x363636\cdots$，$opad = 0x5c5c5c\cdots$ といった固有の値をとる。

5.4　ディジタル署名

ディジタル署名は非対称鍵暗号技術の一つであり，攻撃者による送信者のなりすましや送信中のメッセージの改ざんを検知できる技術である。ディジタル署名は非対称鍵暗号技術であるため，署名検証のための鍵配送が容易である利点をもつ。

・**ディジタル署名の利用手順：**　図 5.4 はディジタル署名の全体像を示している。アリス（送信者）はメッセージ m をボブ（受信者）に認証付きで送りたいと思っている。アリスは m をハッシュ化したものに対して秘密鍵 sk を使って署名し，生成された署名データ σ を m に付加してボブに送信する。ボブは，(m, σ) から公開鍵 pk を使って m が改ざんされていないことを確認できる。ここでは，攻撃者は公開鍵 pk と通信路上の (m, σ) を入手できる前提である。署名は秘密鍵で行うため限られた人しか署名できないが，署名の検証は公開鍵で行うため誰でも署名を検証できる。例え

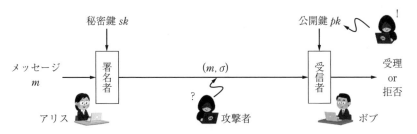

図 5.4　ディジタル署名の全体像

ば，ビットコインでは楕円曲線をベースとした ECDSA 署名が採用されている。ディジタル署名は，以下のセキュリティの性質を満たす。

・データの完全性：　m が変更されていないことを保証する。m が変更されていれば，σ が一致しないため検証が通らない。

・否認不可：　送信者がディジタル署名したことをあとで否認できない。

5.4.1　素因数分解問題ベースの署名

素因数分解問題ベースのディジタル署名にはいくつかあるが，ここでは最も有名である RSA 署名について説明する。RSA 署名は，1978 年に Rivest, Shamir, Adleman によって発明されたディジタル署名である。ここでは，フルドメインハッシュ関数を用いた **FDH-RSA 署名**について説明する。

① **鍵生成**：　署名者のアリスが鍵生成を実行する。鍵生成の手順は，4.4.1 項の plain RSA 暗号の鍵生成と同じものとなる。

② **署名生成**：　署名者のアリスが署名生成を行う。自身の秘密鍵 d，およびメッセージ m を入力として，署名 $\sigma \equiv H(m)^d \bmod n$ を計算する。このようにハッシュ関数を使用することで任意長のメッセージを扱うことができる。ただし，H はフルドメインハッシュ関数（値域が n 未満の正の整数）であることに注意する。署名生成後，アリスは (m, σ) をボブに送る。署名を高速に生成する方法として，中国の剰余定理（CRT）がある（3.3 節参照）。

③ **署名検証**：　受信者のボブが署名検証を実行する。検証鍵 (n, e)，メッセージ m，およびその署名 σ を入力として，$\sigma^e \overset{?}{\equiv} H(m) \bmod n$ をチェックし，この合同式が成り立てば受理，成り立たなければ拒否する。

5.4.2　離散対数問題ベースの署名

離散対数問題ベースの署名にはいくつかあるが，ここでは**シュノア署名**について説明する。シュノア署名は，1990 年に Schnnor によって発明されたディジタル署名である。米国政府標準のディジタル署名アルゴリズムとして採用さ

れている DSA 署名には逆元演算があるのに対して，シュノア署名には逆元演算がなく DSA 署名よりも効率的であるといわれている。

① **鍵生成**：　署名者アリスが鍵生成を実行する。鍵生成の手順は，4.4.2 項のエルガマル暗号の鍵生成と同じものとなる。

② **署名生成**：　署名者のアリスが署名生成を行う。まず $k \in Z_q$ をランダムに選び，$r \equiv g^k \bmod p$ を計算する。それから自身の秘密鍵 x，およびメッセージ m を入力として署名 $\sigma = (c, s)$（$c = H(m, r)$，$s \equiv k - xc \bmod q$）を計算する。署名生成後，アリスは (m, σ) をボブに送る。ここで，署名サイズが小さいことに注意する。c はハッシュ値で 256 ビット，$s \in Z_q$ が高々 256 ビットであるため，合わせても 512 ビットである。

③ **署名検証**：　受信者のボブが署名検証を実行する。検証鍵 (p, q, g, y)，メッセージ m，およびその署名 σ を入力として，$c \stackrel{?}{=} H(m, g^s y^c \bmod p)$ をチェックし，この合同式が成り立てば受理，成り立たなければ拒否する。

5.5　ユ ー ザ 認 証

ユーザ認証とは，正規のユーザであることを確認してアクセスを許可することを指す。ここでは，暗号技術を用いたユーザ認証として三つの方式を説明していく。

5.5.1　パスワード認証

パスワード認証とは，ユーザを識別する ID とそれを確認するパスワードを組み合わせることによって行われるユーザ認証である。銀行の ATM における暗証番号やオンラインバンキングにおけるログインパスワードによる認証がこれにあたる。ここでは，サーバ B に対するユーザ A のパスワード認証をつぎのように表記する。

・**パスワード認証**

　　A → B: id_A, p_A

ただし，AのIDであるid_A，およびAのパスワードであるp_AはAB間で共有されているものとする。これは，AがBに対してIDとパスワードを送付する単純なパスワード認証であるが，インターネットなどのオープンなネットワークを介して行われるため，つぎの三つの問題がある。

① オンライン攻撃を受ける：　AB間の通信をスニファ等で盗聴され，パスワードp_Aが奪取される。

② オフライン攻撃を受ける：　Bがサイバー攻撃を受けると，保存されているパスワードデータベースが解析され，パスワードが漏えいする。

③ スケーラビリティがない：　ユーザ数に比例して管理するIDとパスワードの数が増える。

上記問題の①を解決するための改良として，つぎのように共通鍵暗号を用いてパスワードを暗号化してパスワードを保護する方式が考えられる。

・パスワード認証の改良

1. A → B: id_A, $X = E_{p_A}(p_A)$
2. B: $p_A = D_{p_A}(X)$

AがBに対してIDと暗号化されたパスワードXを送付し，BがXを復号してp_Aを得て認証する。なお，パスワードをp_Aとしたとき，E_{p_A}は暗号化関数，D_{p_A}は復号関数を表す。

しかし，攻撃者はXを一度でも入手できればリプレイ攻撃（再送攻撃）によってパスワード認証を何度も通すことができるため，本改良方式は依然として①〜③の問題をもったままであることに注意する。

5.5.2　チャレンジレスポンス方式

パスワード認証の改良方式に対するリプレイ攻撃を防ぐために開発されたのが**チャレンジレスポンス方式**である。この方式は，パスワードを直接やりとりすることなくリプレイ攻撃を防ぐ方式であり，ユーザAがサーバBからチャレンジ（問題）を受け取り，そのレスポンス（回答）を返して認証するため，チャレンジレスポンス方式と呼ばれる。ユーザAの秘密鍵k_AがAB間で共有

されているとき，共通鍵暗号ベースのチャレンジレスポンス方式の手順は以下のとおりである。

・**チャレンジレスポンス方式**（共通鍵暗号ベース）

1. $A \rightarrow B$: id_A
2. $B \rightarrow A$: r
3. $A \rightarrow B$: $c = E_{k_A}(r)$
4. B: $r \overset{?}{=} D_{k_A}(c)$

AがBに対してIDを送付し，チャレンジを要求する。つぎにBは乱数rを生成してAに送付する。Aはk_Aでrを暗号化しレスポンス$c = E_{k_A}(r)$を計算して，cをBに送付する。最後にBがcを復号してrを得て認証する。レスポンスcを計算できるのは正規のユーザAのみであることから認証が可能となる。このとき，Bがチャレンジrを毎回新たに生成することでレスポンスcが毎回変わるため，リプレイ攻撃を防止できる。ただし，同じrを使用するとリプレイ攻撃を受けてしまうことに注意する。また，暗号化関数の代わりにMACを使用しても同様に構成できる。しかしながら，本方式は②オフライン攻撃や③スケーラビリティの問題は依然として解決できていない。

5.5.3　ワンタイムパスワード方式

チャレンジレスポンス方式では，サーバ側にユーザのパスワードを保存する必要があるため，サーバがサイバー攻撃に遭うとそのパスワードが漏えいするリスクがあった。この問題を解決するものとして**ワンタイムパスワード方式**がある。この方式は，認証のたびに異なるパスワードが使用され，パスワードを共有しない効率的な認証方式である。なお，パスワードが生成回数ベースで変化する方式と時刻ベースで変化する方式が存在する。パスワードがサーバ側に保存されないため，たとえサーバがサイバー攻撃を受けたとしてもユーザのパスワードが漏えいすることはない。これにより，オフライン攻撃に強いといえる。また，パスワードが通信途中で盗聴されたとしても，そのパスワードが1回限りのものであるため高いセキュリティレベルが保たれる。最近ではこの方

式がオンラインバンキングのユーザ認証に導入されている。

　ワンタイムパスワードを実現するためにはハッシュチェーンが利用される。ワンタイムパスワード方式の手順は以下のとおりである（サーバBが x_n のハッシュ回数 n を管理する）。

・ワンタイムパスワードの基本方式

(1)　登録フェーズ

　　1. A: $x_1 = H(k_A), x_2 = H(x_1), \cdots, x_n = H(x_{n-1})$

　　2. A $\rightarrow$ B: id_A, x_n

(2)　認証フェーズ（i 回目の認証の場合）

　　1. A $\rightarrow$ B: id_A, x_{n-i}

　　2. B: $x_n \stackrel{?}{=} H^i(x_{n-i})$

　登録フェーズにおいては，ユーザAはマスターシークレット k_A を選び，k_A に対してハッシュ計算を n 回繰り返して長さ n のハッシュチェーンを計算する。それからこのハッシュチェーンの最後の値 x_n をサーバBに認証チャネル[†]を通じて送信する。このとき，x_n はハッシュチェーンのコミットメントとなる。

　認証フェーズにおいて（i 回目の認証の場合）は，AはBに対してIDと現在のパスワード x_{n-i} を送信する。x_n はコミットされているため，x_n を用いて x_{n-i} を検証できる（別の方法では，x_{n-i+1} をコミットしておいて x_{n-i+1} を用いて x_{n-i} を検証できる）。この方式により，Aはマスターシークレット k_A を漏らすことなく，Bに対して認証できることがわかる。

 ## 5.6　公開鍵認証基盤

　公開鍵認証基盤（Public Key Infrastructure, PKI）とは，公開鍵暗号技術で用いられる公開鍵とその公開鍵の所有者の対応関係を保証するための仕組みである。**図5.5**は，ディジタル署名を用いたチャレンジレスポンス認証において偽

---

†　暗号化されていないが認証のみがなされているチャネル

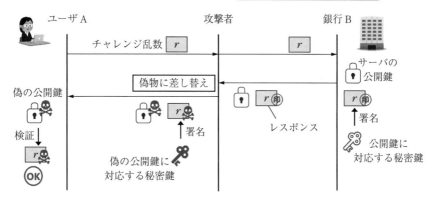

図 5.5 偽の公開鍵を用いた中間者攻撃の問題

の公開鍵に差し替えられる，中間者攻撃の問題を示している。これは通信を行う当事者の間に割り込んで，両者になりすまして通信内容の盗聴や改ざんを行う攻撃であり，当事者は本物の相手と通信していると思い込む。特に，ユーザAは偽の公開鍵を銀行Bのサーバの公開鍵と勘違いするため，署名である偽のレスポンスが有効となり，攻撃者によるなりすましが成功することになる。

　以上から，銀行Bのサーバからダウンロードした公開鍵の真正性が肝となる。例えば，実際の某銀行サイトの公開鍵は以下のとおりである。

・某銀行サイトの公開鍵（2048-bit RSA 署名）

```
30 82 01 0a 02 82 01 01 00 d9 93 b3 40 bb da 5b b7 ff  78 d4 91 19 8a 37 c6 10 de 3d e2 a3
d5 cf 7f e0 dc 25 1f e8 dd bc ab 0f 76 5b 42 1a 87 a3 e4 b2 24 a0 42 fa 6b e6 a4 bb c4 eb
cc f7 dc 05 af b7 8c 8e 96 2e 56 bc 23 15 0c ed eb 1c 34 5d a0 4a 92 87 2d f2 03 1d 76 2e
33 ed ac 38 61 de 35 ed 4a 9a 0f e4 ef 94 87 aa 3d 1d 9c 97 c6 91 3b 19 d6 c9 44 ed f4 85
57 c9 d6 92 ae f9 ec 62 78 9b bf 23 da 43 c5 66 a1 2c 09 44 b8 86 7a f5 b1 4e 19 e9 da 39
21 2e d4 c3 d3 e6 6b 06 49 00 d1 2a 25 7d fb 83 e0 b3 91 cc 11 28 06 03 5e bc 14 68 ca 85
d8 e8 d2 5a 0a 19 0e dc a8 a3 ed 1a 5d 70 a2 09 71 92 ac 65 d1 33 10 46 b3 00 47 9b 5f bb
70 56 ff 5b 34 71 4d 36 9c 7a 10 70 a4 ed e9 0b dc cf 9d 06 cb b1 a7 f1 18 c2 32 a7 ac a9
14 69 a6 6d c5 6c a5 44 d9 ce e4 5d 37 8d ee d7 90 dd b1 b7 f4 56 01 07 75 02 03 01 00 01
```

これは RSA 署名に用いる 2048 ビットの公開鍵である。この公開鍵が本物かどうかを判断する仕組みが必要なわけだが，その仕組みが公開鍵認証基盤である。この公開鍵が本物であることを判断するためには，**認証局**（Certificate Authority, CA）によって発行されたディジタル署名（サーバ証明書）を利用する。つまり，認証局からのお墨付きをもらうことによってこの問題を解決する。公開鍵認証基盤では信頼できる認証局がサーバの公開鍵とその所有者の情報に

ついての証明書を発行するので，この証明書を検証することにより，通信相手
の正当性を確認できる。

　図5.6 は，公開鍵認証基盤の利用例を示している。ユーザ A が銀行 B に対
して，確かに銀行 B のサイトであることを確認したいとする。まず準備とし
て，① 銀行 B は自身の公開鍵（pk_B）を生成して CA に送付し，② CA は pk_B に
対してサーバ証明書（pk_B に対する CA のディジタル署名になっている）を発
行して銀行 B に返送する。また，①′ ユーザ A は CA の公開鍵を事前に認証
チャネルでダウンロードしておく。準備が整った後，③ ユーザ A が銀行 B の
サーバに TLS で接続し，④ pk_B を含むサーバ証明書をダウンロードする。⑤ こ
のサーバ証明書は CA の公開鍵で検証できる。サーバ証明書が正しければ，⑥
ユーザ A は銀行 B の正しい公開鍵が pk_B であると判断して入手する。

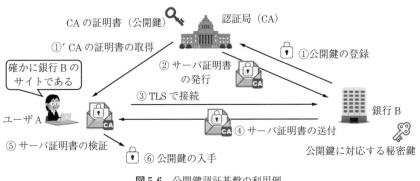

図5.6　公開鍵認証基盤の利用例

　さらに，**図5.7** は公開鍵認証基盤と暗号通信の詳細を示している。ここで，
CA の公開鍵（CA の証明書）を pk_{CA}，CA の秘密鍵を sk_{CA} とする。① まず銀
行 B が公開鍵 pk_B を CA に登録し，② サーバ証明書である $Sig_{sk_{CA}}(pk_B)$ を発行
してもらう。また，①′ ユーザ A は CA の公開鍵 pk_{CA} を事前に認証チャネルで
ダウンロードしておく。ここで③ ユーザ A が銀行 B のサーバに TLS で接続し
て，まずは④ DH 鍵共有を行って秘密鍵 k を共有する。つぎに，⑤ k で暗号化
された $Sig_{sk_{CA}}(pk_B)$ と pk_B を受け取る。⑥ ユーザ A は pk_{CA} で $Sig_{sk_{CA}}(pk_B)$ を検
証し，検証が通れば⑦ pk_B を正当なものとして受理する。これ以降は平文 m

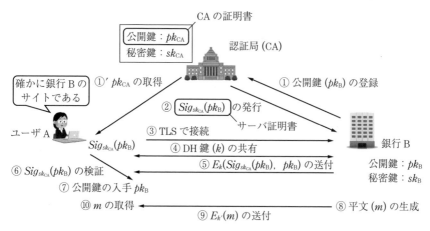

図 5.7 公開鍵認証基盤と暗号通信の詳細

の暗号化は k から導出された k' を使って行われる（⑧〜⑩）。なお，Sig_{sk} は秘密鍵 sk による署名関数，E_k は秘密鍵 k による暗号化関数を表す。

図 5.7 は公開鍵証明書を用いたサーバ認証であるが，これをユーザ認証に用いることも可能である。例えば，マイナンバーカードは公開鍵証明書を用いたユーザ認証を個人レベルで実現しようとするものである。

表 5.1 はこれまで出てきた各ユーザ認証の安全性をまとめたものである。公開鍵証明書を用いたユーザ認証がすべてにおいて「○」（問題なし）となっていることがわかる。ユーザは全サーバの公開鍵をもつ必要はなく，CA の公開鍵さえもっていればよいためスケーラビリティも強化されている。ただし，公開鍵証明書を用いたユーザ認証はそのほかの方式と比較して法演算等を用いることから，効率性が劣るというデメリットが存在することに注意する。

表 5.1 ユーザ認証の安全性のまとめ

種 類	耐オンライン攻撃	耐オフライン攻撃	スケーラビリティ
パスワード認証	×	×	×
チャレンジレスポンス方式	○	×	×
ワンタイムパスワード方式	○	○	×
公開鍵証明書を用いたユーザ認証	○	○	○

5.7　実験 C：SHA-256 の部分的衝突

　暗号学的ハッシュ関数はさまざまなところで使用されている暗号技術であり，衝突計算困難性を満たす。一方，ビットコインでも暗号学的ハッシュ関数 SHA-256 が使用されているが，そちらは逆にハッシュ値の部分的な衝突を利用している。

　実験 C では，ハッシュ値の先頭ビット列を衝突させる実験を行う。具体的には，暗号学的ハッシュ関数 SHA-256 の入力を変化させて，先頭 x ビットがオールゼロとなるハッシュ値を計算する。これは，ハッシュ値の先頭 x ビットが 0 ビット列と衝突することを意味する。このような Python プログラムを実装して実行することで，11 章で出てくるビットコインのマイニングや PoW（Proof of Work）の基本的な仕組みを体験する。そして，暗号学的ハッシュ関数が衝突を起こす 0 ビット列の部分が長くなればなるほど衝突が難しくなることを学ぶ。ただし，ここではビットコインの仕様に合わせて 2 回 SHA-256 でハッシュを行っている点に注意する。

[具体的な実験手順]
1. ハッシュ値の先頭にいくつ 0 ビットが並ぶかの値 x を設定する。
2. 下記のコード例にある Python プログラムを実行して，先頭 x ビットがオールゼロとなるハッシュ値を見つける。
3. x の値を変化させて，先頭 x ビットがオールゼロとなるハッシュ値が生成される時間を比較する。

[実験結果について]
ハッシュ値の先頭 20 ビットがオールゼロとなる確率は $1/2^{20}=1/1048576$，先頭 22 ビットがオールゼロとなる確率は $1/2^{22}=1/4194304$ である。下記サンプルコードでは，一般的な PC（CPU：インテル Core i5／1.6 GHz／4 コア，メモリ容量：8 GB）を用いて，ハッシュ値の先頭 20 ビットがオールゼロとなる場合の演算時間が数秒程度であるのに対して，先頭 22 ビットがオールゼロとなる場合の演算時間は数十秒程度かかる。なお，下記サンプルコードは先頭 20 ビットがオールゼロとなる場合（$x=$

20) を示している。

[コード例]

```python
import hashlib
from binascii import hexlify

def calc_hash(data, nonce):
    hdr = data + str(nonce)
    h = hashlib.sha256(hashlib.sha256(hdr.encode('shift_jis')).
    digest()).digest()
    return h

def zero_check(h, x):
    target = (2**(256 - x))
    return int.from_bytes(h, 'big') < target

def mine(data, x):
    for nonce in range(0, 2**64):
        h = calc_hash(data, nonce)
        if zero_check(h, x):
            print(f'{str(x).zfill(2)}\t{hexlify(h)}\t[nonce=
            "{nonce}"]')
            break

def main():
    data = '1234567890'
    x = 20
    mine(data, x)

if __name__ == '__main__':
    main()
```

引用・参考文献

1) Wang, X. Yin, Y. L., and Yu, H.: Finding Collisions in the Full SHA-1, Adrances in Cryptology - CRYPTO 2005, pp.17～36 (2005)

2) Lamport, L.: Passward authentication with insecure communication, Communications of the ACM, **24**, 11 pp.770～772 (1981)

3) Dworkin, M.: Recommendation for Block Cipher Modes of Operation: The CMAC Modefor Authentication, NIST Special Publication 800-38B (2005), https://nvlpubs.nist.gov/nistpubs/SpecialPublications/NIST.SP.800-38b.pdf

6章
バイオメトリクス

バイオメトリクスは生物学的特徴のことであり，認証に用いることができる重要な要素の一つである。パスワード認証に変わるものとして近年注目を浴びている。本章ではこれについてみていく。

 ## 6.1　バイオメトリクスとは

バイオメトリクス（Biometrics）は，biology（生物学）と metrics（測定）の合成語である。他人と異なる生物学的特徴のことであり，指紋，顔，虹彩，静脈，DNA などが有名である。バイオメトリクスを認証に使う場合は，パスワード認証のように記憶する必要がないというメリットがある。すでに実社会のさまざまなシーンで利用されており，例えばパソコンやスマホの認証には顔や指紋，静脈，虹彩などが使われ，ATM のそれには指紋や静脈が使われている。

バイオメトリクスを認証に使用する要件はつぎの五つである[1]。

・**普遍性**（universality）：　誰もがもっている特徴であることを指す。これがないと認証には使えない。

・**唯一性**（uniqueness）：　本人以外は同じ特徴をもたない性質をもつことを指す。これによって，本人と他人を区別できる。

・**永続性**（permanence）：　時間の経過とともに変化しにくい特徴であることを指す。永続性があるとバイオメトリクスの更新が不要となり利便性が増す。

・**収集可能性**（collectability）： センサ等によって容易に読みとり可能であることを指す。たとえ人に備わっているバイオメトリクスであっても，センサで取り出せる特徴でないと使えない。

・**受容性**（acceptability）： 一般に抵抗なく受け入れられる特徴であることを指す。プライバシー情報を含むバイオメトリクスには抵抗が生まれる。

6.2　バイオメトリクス認証

　パスワード認証やIC カードによる認証などさまざまな認証がある中，ここではバイオメトリクス認証の位置付けについて説明する。

6.2.1　認 証 の 要 素

　表6.1 のとおり，認証には知識，所有物，バイオメトリクスの三つの要素がある。知識はパスワードなどを指し，所有物はIC カードなどを指し，バイオメトリクスは指紋や静脈などを指す。忘却・紛失・盗難の観点では，他人に盗まれるリスクが最も低いバイオメトリクスが優位である。推測・偽造という観点では，偽造の難しい所有物が勝っている。コストの観点では，追加装置不要である知識が優位である。どの認証要素がベストとは必ずしもいえないため，利用シーンや利便性，セキュリティ，コスト，心理的抵抗等に応じて適しているものを決める必要がある。さらに，最近では一つの要素だけ利用するのではなく，複数の認証要素を組み合わせて利用する場合が多い（6.3 節参照）。

表6.1　認証の3要素

	知　識	所有物	バイオメトリクス
忘却・紛失・盗難	×記憶の限界	△紛失・盗難がある	○忘却・紛失がない
推測・偽造	×推測されやすい	○偽造困難	△偽造事例あり
コスト	○追加装置不要	×追加装置必要	×追加装置必要

6.2.2　1 対 1 認証と 1 対 N 認証

認証方式には，利便性と安全性の観点から，**1 対 1 認証**と **1 対 N 認証**の 2 種類がある。それぞれについて説明する。

- **1 対 1 認証**：　ユーザを指定してから，入力されたバイオメトリクスが登録されているそれに該当しているかどうかを確認する方式である。ユーザ名や IC カードが必要であるため利便性は 1 対 N 認証と比べて劣るが，検索対象が一つに絞られるため認証精度や認証速度を高められる。具体例として，キャッシュカードを利用した金融機関の ATM での認証が挙げられる。キャッシュカードによって対象ユーザが絞られ，そのユーザに対してのみ認証が行われる。

- **1 対 N 認証**：　ユーザを指定することなく，入力されたバイオメトリクスが登録されているうちのどれに該当するかで認証する方式である。検索対象が登録されているすべてのバイオメトリクスとなるため，1 対 1 認証と比べて認証の精度や速度の面で劣る。しかし，バイオメトリクスだけを入力して認証できるためユーザの利便性は高くなる。

6.2.3　バイオメトリクス認証の流れ

図 6.1 は，指紋を例にとってバイオメトリクス認証の全体の流れを示してい

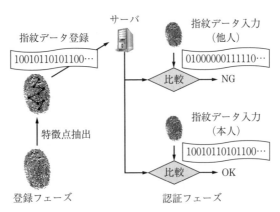

図 6.1　バイオメトリクス認証の流れ（指紋認証の例）

る。認証では，登録フェーズと認証フェーズの二つに大別される。登録フェーズでは，ユーザがセンサに指紋を入力し，センサが特徴点を抽出して指紋データを生成し，その指紋データがサーバ等に登録される。認証フェーズでは，登録フェーズと同様にユーザがセンサに指紋を入力し，センサが特徴点を抽出して指紋データを生成し，入力された指紋データと登録されている指紋データを比較して OK/NG を出力する。このとき，他人であるにも関わらず OK を出力する場合（他人受入）や本人であるにも関わらず NG を出力する場合（本人拒否）があり，これが認証精度に関係する。

6.2.4 認 証 精 度

図 6.2 を用いて認証精度について説明する。ここでは 1 対 1 認証を想定する。このグラフの横軸は本人類似度を示しており（値が最大値の 1 に近づけば近づくほど本人のデータに近づく），縦軸は発生の頻度を示している。バイオメトリクスはパスワード認証のように一致／不一致というものではなく，揺らぎが含まれているため，入力するたびに異なる類似度を出力する。例えば顔認証を考えた場合，光などの環境の変化によっては認証されやすさが異なる可能性がある。そのため，図のように幅をもった本人データの類似度分布を形成する。また別人データの類似度分布も同様に幅をもって存在し，一般的には本人データの類似度分布と別人データの類似度分布にある程度の重なりが存在する。仮に判定閾値を両曲線の交点とした場合，判定閾値より左側の重なり部分が**本人拒否率**（False Rejection Rate, FRR）を表し，右側が**他人受入率**（False Acceptance

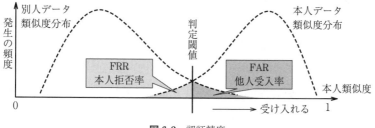

図 6.2 認証精度

Rate, FAR）を表す。判定閾値の設定にはトレードオフが存在し，判定閾値を右に動かすと FAR が下がって安全性が上がり，逆に判定閾値を左に動かすと FRR が下がって利便性が上がる。

6.2.5　認証システム

バイオメトリクス認証で使用する認証システムには，サーバ認証モデルとクライアント認証モデルの二つがある。これらのモデルは，バイオメトリクスの情報がどこに保存されるかによって異なる。

〔1〕　**サーバ認証モデル**　　**サーバ認証モデル**は，ユーザの登録情報（ユーザ ID やバイオメトリクス情報など）がサーバ側に保存されているモデルである（図 6.3 参照）。センサで取得したバイオメトリクスから特徴抽出を行い，セキュアチャネル[†]を通してそのデータをサーバに送信して，サーバ側で照合を行うことになる。ユーザの登録情報がサーバに保管されているため，サーバがサイバー攻撃の被害に遭うと認証情報の漏えいを引き起こすリスクがある。

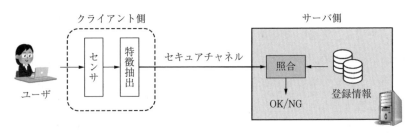

図 6.3　サーバ認証モデル

〔2〕　**クライアント認証モデル**　　**クライアント認証モデル**は，ユーザの登録情報がクライアント側の IC カード内に保存されているモデルである（図6.4 参照）。センサで取得したバイオメトリクスから特徴抽出を行い，それを IC カードに送信して，IC カード内（IC チップ内）で照合を行う。IC カードが照合結果を出力するので，クライアントがセキュアチャネルを通じてその照合

---

†　暗号化と認証がなされているチャネル

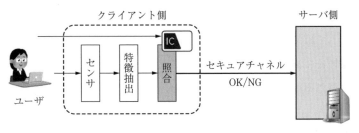

図 6.4 クライアント認証モデル

結果をサーバに送信する。このとき，IC カードが照合結果に対して署名を付けることも可能である。本モデルは，認証の際に IC カードを持参する必要があり，IC カードを紛失するリスクがあるが，バイオメトリクス情報がクライアントの外部に出ないため安心である。したがって，このモデルはバイオメトリクスと所有物の二つの要素を組み合わせた二要素認証となっており，サーバ認証モデルと比べてもセキュリティが強化されているといえる。

　クライアント認証モデルを採用する例としては FIDO（ファイド）がある。FIDO は，Fast IDentity Online（すばやいオンライン認証）の略であり，従来のパスワード認証に代わるとみられている認証技術の一つである。バイオメトリクス情報をネットワーク上に流さず，サーバ側にも保存しないため，情報漏えいのリスクが軽減されている。

 ## 6.3　認 証 の 強 化

　認証のセキュリティを強化する手法には，「二要素認証」と「二段階認証」の二つがある。それぞれについて説明する。

6.3.1　二 要 素 認 証

　二要素認証とは，一つの認証要素だけでなく，「知識＋所有物」や「所有物＋バイオメトリクス」というように，2 種類の認証要素を組み合わせてセキュリティの強化を図る方法である。二要素認証は，たとえ一方の認証情報が漏え

いしたとしても，それだけでは不正アクセスが成功しないため安全性が向上する。例としては，キャッシュカード（所有物）と暗証番号（知識）を使う ATM は二要素認証である。なお，三つ以上の要素を組み合わせた場合は「多要素認証」と呼ばれる。

6.3.2 二 段 階 認 証

二段階認証とは，認証を 2 回に分けることでセキュリティの強化を図る方法である。例えば，あらかじめ登録しているメールアドレスにワンタイムパスワードが届き，それを用いて認証を行うものがある。これは，メールアドレスによる認証とパスワードによる認証の二段階認証である。なお，どちらの認証も「知識」を使った認証であるので，この場合は二要素認証となっていない。

FIDO U2F（Universal 2nd Factor）認証は，ユーザ ID とパスワードを入力した後，USB キー（物理デバイス）などを第二認証要素として行う仕様である。ネット越しに物理デバイスを盗むことができないため，たとえユーザ ID とパスワードが盗まれたとしても不正なログインを許可させないメリットがある。この認証は二要素認証かつ二段階認証となる。

  ## 6.4 指 紋 認 証

指紋認証は，人の指先の指紋の模様から本人確認を行うバイオメトリクス認証である。指紋の形状は人によって異なり，基本的には生涯不変となる特徴であるといわれている。指紋は遺伝的影響を受けず，左右 10 本の指でも異なり，遺伝子が同じ一卵性双生児でも異なる。また，認証機器の小型化が可能で導入コストも小さいという利点もある。しかしながら，手荒れや乾燥などの要因から精度の変動が起こることがあり，指紋センサに触れることへの衛生面での心理的抵抗があるといった短所も存在する。

セキュリティ面においては，指紋の偽造攻撃が指摘されている。ゼラチン等の材料と遺留指紋から人工指の作製が可能であり，そしてこの人工指が一般の

指紋照合装置に高い割合で受け入れられたという研究報告がなされている[1]。さらに，SNS にアップした写真に映った指から指紋が漏えいするリスクや，睡眠時など意識のないときに指紋認証をされてロックが解除されるリスクについても指摘されている。

　指紋認証の応用事例としては，金融機関における預金者の本人確認やスマホの指紋認証（iPhone の TouchID など）が挙げられる。TouchID では，iPhone のホームボタンが指紋センサにもなっており，押す機会の多いホームボタンを押すたびに定期的に認証が実行され，非常に利便性が高くなっている。認証方法としてはマニューシャ方式が有名である。センサから指紋を採取し，特徴点（マニューシャ）として隆線，端点，分岐点といった特徴点を抽出して認証を行う。

 ## 6.5 顔　認　証

　顔認証は，カメラを使って自分の顔を画面に映して本人確認を行うバイオメトリクス認証の一つである。人間は日常的に相手の顔を見て認識しているため，顔認証はバイオメトリクス認証の中でも最も自然に適用できる認証方式である。距離が離れていても歩きながらでも認識が可能であり，非接触であるため感染症の心配が少ない。また非拘束であり，ユーザがその場にいるだけで認証できるという利点もある。さらに，認証するためには顔を監視することになり，顔が見られているということで不正に対する心理的抑制効果がある。

　しかしながら，照明・顔の向き・表情の大きな変化，マスク着用などに弱く，経年変化もある。また，双子などそっくりな顔の厳密な識別は難しい。さらに公共の場所では，さまざまなところでカメラによって撮影されているということがプライバシーの侵害につながる可能性がある。バイオメトリクス単体で本人とすぐにわかってしまう顔認証に対する心理的抵抗もある。なおセキュリティ面に関して，これまでは写真を使った偽装が可能であったが，最新の顔認識技術（Face ID など）では 3 次元顔認識を使っているため，顔画像を使用して認証を突破することが困難になってきている。

　顔認証の応用事例としては，PC・スマホのログインや入国審査での使用が挙げられる。特にiPhoneXから搭載された顔認証技術（Face ID）は，赤外線カメラのほか，近接センサ，環境光センサ，ドットプロジェクタなどの複数のセンサを使うことで，数万を超える顔の特徴を立体的にスキャンして3次元顔認識を行うものである。

 6.6　虹　彩　認　証

　虹彩認証は，目にある虹彩部分の模様を使って本人確認を行うバイオメトリクス認証の一つである。虹彩とは瞳孔（黒目の部分）の周りのドーナツ状の部分のことで，瞳孔の大きさを調節する筋肉の部分を指すが，この虹彩には非常に細かい模様がある。認証方法としては赤外線LEDを照射し，虹彩エリアの特徴を採取して，模様を読みとることで本人確認を行う。虹彩認証は認識精度が非常に高く，偽装やなりすましが困難であるといわれている。また，非接触であるため感染症の心配も少ない。一般に，虹彩の模様は2歳ごろに完成し，経年劣化しにくいものであるため，一度登録したデータを長年使用できる。さらに，虹彩の模様は遺伝的影響を受けず，左右の目でも異なり，遺伝子が同じ一卵性双生児でも異なる。虹彩の模様は相似的に変化するため，瞳孔の動きによって変形することはない。

　しかしながら，日差しの強い屋外では太陽光が赤外線を妨害し，虹彩が認識されづらいという欠点がある。また，カラーコンタクトやサングラスを着用していると認証できない場合もある。セキュリティ面に関しては，装置の使用時に入手できる虹彩画像や対象者の虹彩赤外線写真を入手できれば，なりすましが可能であるともいわれている。特に，虹彩画像を紙に印刷し作製した人工虹彩が，一般に入手できる虹彩照合装置に高い割合で受け入れられたという研究報告がなされている[1]。

　虹彩認証の応用事例としては，いくつかのスマホで虹彩認証による画面ロック解除が採用されている。また，シンガポールの入出国管理にも採用されてい

る。

6.7 静 脈 認 証

静脈認証とは，指や手のひらの内部の静脈パターンを使って本人確認を行う
バイオメトリクス認証の一つである（網膜認証も静脈認証の一つであるが，こ
こには含めず6.9節で簡潔に触れる）。静脈認証は，静脈が体内に存在するこ
とから近年セキュリティ面で注目を集めているバイオメトリクス認証である。
認証方法としては，血液中の還元ヘモグロビンが近赤外線を吸収することを利
用して，体の内部に流れている静脈パターンを抽出して認証を行う。静脈パ
ターンは体内で完成された後は経年劣化しにくいものであるため，一度登録し
たデータを長年使用できる。さらに，静脈パターンは遺伝的影響を受けず，左
右の手でも異なり，遺伝子が同じ一卵性双生児でも異なる。非接触であるため
感染症の心配が少ないだけでなく，読みとるのは内部の静脈なので指や手の表
面を怪我していても問題なく認証ができる。

しかしながら，運動や入浴の後は血管が膨張するため認証されにくいといわ
れている。またハンドクリームや日焼け止めなど，光を反射する材料を含むも
のを塗っている場合も認証しづらくなる。さらに，同じ指先で比較しても，デー
タサイズやコストが指紋認証のそれよりも大きくなってしまう。ただしセキュ
リティ面に関しては，静脈は体内情報であり採取が難しいため簡単に他人に知
られることがなく，偽造やなりすましが困難である。

静脈認証は，1998年に韓国の研究チームによって世界で初めて商品化され
た。国内における静脈認証の応用事例としては，金融機関における預金者の本
人確認に使われており，富士通が開発した「手のひら静脈認証」と日立が開発
した「指静脈認証」に大別される。また，PCのログインの際の認証にも採用
されている。

6.8 DNA 認 証

人間の DNA（デオキシリボ核酸）は，約 30 億個の塩基配列からなり，人体の設計図ともいわれている。DNA は，A（アデニン），G（グアニン），C（シトシン），T（チミン）の 4 種類の塩基が対となって配列され，二重のらせん構造で構成されている。この DNA の塩基配列が人によって異なることを用いて個人認証ができる。認証方法としては，口腔を綿棒で軽くこすり，粘膜の細胞から DNA を抽出して DNA-ID を生成する。認識精度が非常に高く，他人受入率は 10^{-18} 程度に抑えることができる。また，DNA は生涯不変であるため，一度登録したデータを長年使用できる。将来は，認証用の究極の ID となることが予想されている。

　しかしながら，個人を特定するための DNA の採取・分析に時間およびコストがかかるため，現時点ではリアルタイム認証に向かない。セキュリティ面に関しては，DNA から親子関係が想定できるなどのプライバシー情報の問題が存在する。また，どの細胞を取り出しても DNA の塩基配列は同じであるため，毛根付き毛髪などから容易に DNA 情報を盗むことが可能である。

　応用事例には DNA 鑑定などがある。特に，犯罪捜査や親子鑑定など血縁の鑑定に利用されている。なお，DNA-ID は遺伝子以外の塩基配列を利用するため，本人の病因や構造には無関係な情報である。DNA の塩基配列はディジタル情報であり直接的な比較が可能であるため，照合アルゴリズムが不要であるというメリットもある。

6.9 その他のバイオメトリクス認証

これまで説明してきたもの以外で注目されているバイオメトリクス認証について以下に紹介する。

・**網膜認証**：　目の静脈を用いた認証であり，多くの導入実績がある。例え

ば，アメリカ中央情報局（CIA）や連邦捜査局（FBI），アメリカ航空宇宙局（NASA）で採用されている。

・**声認証**： 音声の個人差を利用して認証するものであり，声という動的特徴を利用する。特別なセンサ機器を必要としないものであり，発話の内容に依存せずに認証できる。

・**署名認証**： 筆跡などから認証する静的署名と運筆速度などから認証する動的署名がある。動的署名では，運筆速度や筆順，筆圧などを測定する専用の機器が必要となる。

・**耳介認証**： 耳の外側から見える部分の幾何学的な特徴を利用する認証である。耳の形状が個人によって異なることを利用する。

・**歩容認証**： 歩行パターンを利用する認証である。対象人物が遠方にいて映像に小さく映っていても利用でき，サングラスやマスクをしていても利用できる。人が歩いている映像をもとに，二つの映像の人物が同一人物かどうかを判定する。

 ## 6.10　バイオメトリクスのセキュリティ

以下では四つの観点[2]でバイオメトリクスのセキュリティについて比較する。具体的には，まずバイオメトリクスが盗まれる（不同意収集される）かどうか，つぎに盗まれたと想定して，バイオメトリクスの交換が可能かどうか，本人が特定されてしまうかどうか，副次情報が漏れるかどうかの観点で評価する。

・**不同意収集**： 本人の同意なく，攻撃者がバイオメトリクスを収集できるかどうかの観点である。例えば，指紋や顔，DNA は容易に収集されるが，虹彩や静脈は採取が難しく，特に体内にある静脈の採取は難しいためより安全であるといえる。指紋はコップなどに付着しやすく，顔はスマホ等で容易に撮影可能であり，DNA は毛根付き毛髪などから採取可能である。

・**交換不可**： バイオメトリクスが漏えい等によって使えなくなったとき，交換が可能かどうかの観点である。パスワードの場合はいくらでも交換が

可能であるが，バイオメトリクスには制限がある。例えば，顔やDNAは基本的に交換不可能であるが，指紋は10本の指，虹彩は二つの目，静脈は10本の指または二つの手があるため，数回なら交換が可能である。

・**本人特定**：　バイオメトリクス単体から本人を特定可能かどうかの観点である。例えば，顔はバイオメトリクスのみで本人の特定につながるものである。

・**副次情報**：　識別以外の副次的な情報が漏れるかどうかの観点である。例えば，指紋からは副次的な情報が漏れないが，DNAからは親子関係等が漏えいする。

これらをまとめたものを**表6.2**に示す。セキュリティの観点からすると，静脈認証や虹彩認証が非常に優れていることがわかり，逆にDNA認証は課題が多いことがわかる。そのため，精度だけでなくセキュリティやプライバシーの観点も含めて，総合的にどのバイオメトリクス認証を採用すべきかを考える必要がある。

表6.2　バイオメトリクスのセキュリティのまとめ

	不同意収集	交換不可	本人特定	副次情報
指　紋	×	○	○	○
顔	×	×	×	×
虹　彩	○	○	○	○
静　脈	○	○	○	○
DNA	×	×	○	×

○：セキュアである，×セキュアでない

6.11　実験D：バイオメトリクス認証

バイオメトリクス認証はパスワード認証と比べて忘却や紛失がないというメリットがある。また，バイオメトリクスには揺らぎがあり，認証時もその揺らぎに対する統計的な対処が必要であり，閾値をうまく設定することにより本人

と他人を区別することになる。しかしながら，バイオメトリクスも結局はディジタルデータで扱われるため，攻撃者がバイオメトリクスデータを偽造することによって，バイオメトリクス認証が突破されてしまうリスクがある。

　実験Dでは，バイオメトリクスデータを偽造する簡単な実験を行う。バイオメトリクスデータを偽造して不正に認証を通す簡単なPythonプログラムを実装して実行することで，バイオメトリクス認証を突破されるリスクを体験する。また，今回はコサイン類似度を用いて認証を行っているが，今回のアルゴリズムが偽造に弱く，アルゴリズムは何でもよいというわけではないことも学ぶ。なお，バイオメトリクスデータを7次元ベクトルとし，閾値を0.95としている。

［具体的な実験手順］
1. 登録されているバイオメトリクスデータを設定する。
2. 入力する3種類のバイオメトリクスデータ（本人，他人，偽造）を用意する。
3. 下記のコード例にあるPythonプログラムを実行して，偽造されたバイオメトリクスデータを入力する。
4. 偽造データが間違って本人と認証されてしまうことを確認する。

［実験結果について］
用意された実験データにおいては，本人のバイオメトリクスではコサイン類似度が約96％，他人のバイオメトリクスではコサイン類似度が約54％である。これに対して，バイオメトリクスのディジタルデータを0か1の二値で簡易的に偽造することによって，本人類似度を約95％まで高められていることを確認する。

［コード例］

```python
import numpy as np
def cos_similarity(v1, v2):
  return np.dot(v1, v2) / (np.linalg.norm(v1) * np.linalg.
norm(v2))

def judge(val, thd):
  if(val > thd):
    return 1
  else:
    return 0
```

```
def main():
  my_profile = [0.1637, -0.0710, 0.1232, 0.0132, 0.1321,
  0.0011, 0.0043]
  my_bio = [0.0876, -0.0619, 0.1144, 0.0260, 0.0800, 0.0112,
  -0.0089]
  other_bio = [0.0649, -0.0490, 0.0157, -0.1011, 0.0445,
  -0.0225, 0.0546]
  fake_bio = [0.1, 0.0, 0.1, 0.0, 0.1, 0.0, 0.0]

  target = fake_bio
  sim = cos_similarity(my-profile, target)
  if(judge(sim, 0.95)):
    print('Identified: similarity=', sim)
  else:
    print('Not identified: similarity=', sim)

if __name__ == '__main__':
  main()
```

引用・参考文献

1) 宇根正志，松本勉：生体認証システムにおける脆弱性について：身体的特徴の偽
   造に関する脆弱性を中心に，金融研究，日本銀行金融研究所，**24**，2，pp.35〜
   83（2005）
2) 瀬戸洋一：バイオメトリクスセキュリティ認証技術の動向と展望，IPSJ Magazine,
   47，6（2006）

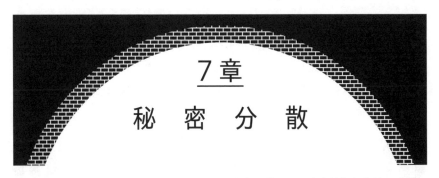

7章
秘 密 分 散

本章では，**秘密分散**について説明する。秘密分散とは，秘密情報を複数の分散情報（**シェア**）に分割して管理する暗号技術の一つである。Shamir が 1979 年に発明した方式が最も有名であり，**(k, n) 閾値秘密分散法**と呼ばれる[1]。分割させるシェアの数を n，復元に必要なシェアの数（閾値）を k としたとき，つぎの二つの性質を満たすものである。

・n 個のうち任意の k 個の値を集めると秘密 s を復元できる。
・どの $(k-1)$ 個からも s について何もわからない。

 ## 7.1 秘密分散の利用シーン

複数のデータセンタに秘密情報を分散して預ける利用シーンを考える（図
7.1 参照）。これに秘密分散を適用することで，秘密情報を外部のデータセンタに安全に預けることができる。図では，閾値を 2 とした秘密分散を利用して，

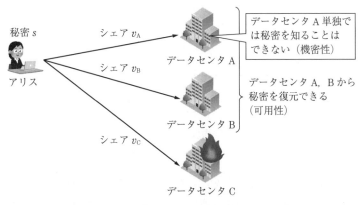

図 7.1 秘密分散の利用シーン（閾値 2 のケース）

アリスが秘密 s から三つのシェア v_A, v_B, v_C を生成してデータセンタ A, B, C に
それぞれ分散して預けることを想定する。このとき，各データセンタ単独では
シェアの数が閾値に達しないため s を知ることができない（機密性を満たす）
が，二つ以上のデータセンタが協力するとシェアの数が閾値に達するため s を
復元できる（可用性を満たす）。この例は (2, 3) 閾値秘密分散法となる。

 ## 7.2 基本的な仕組み

　秘密分散法のベースは連立方程式である。一般に，連立方程式の未知数を求
めるには，未知数の個数分の関係式が必要である。例えば，$(k-1)$ 次の多項
式は未知数が k 個あるため，多項式を復元するには k 個の関係式が必要であ
る。これは，k 点で $(k-1)$ 次の多項式を復元できることを意味する。

　具体例として，(2, 3) 閾値秘密分散法を考える（**図 7.2** 参照）。これはシェア
が全部で三つあり，一つのシェアからは秘密について何もわからないが，二つ
のシェアが集まると秘密が復元できるというものである。図において，xy 平面
上で 1 次の多項式 $f(x) = ax + s$（直線）を考える（未知数は二つ）。このとき，
秘密 s は y 軸切片に対応し，シェアは直線上の点の座標 A, B, C に対応する。

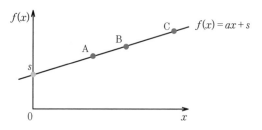

図 7.2　秘密分散法の例（閾値 2 のケース）

　1 次の多項式は 2 点（$k=2$）で復元できる。つまり，一つの点からは直線が
求まらないので秘密 s は求まらないが，シェアの任意の 2 点からは直線が構成
できるため秘密 s を求めることができる。さらに閾値を 3（$k=3$）にしたい場
合は，多項式の次数が 2 次（二次曲線）となり，二次曲線は 3 点の座標で確定

する。したがって，次数を調整することで閾値を調節することができる。

7.3　完全秘密分散法

　秘密分散は，大きく完全秘密分散法とランプ型秘密分散法の二つに分けられる。まずは**完全秘密分散法**について説明する。

7.3.1　(k, n) 閾値秘密分散法の構成

　(k, n) 閾値秘密分散法では，秘密 s の保有者（ディーラ）と複数の参加者が存在する。以降，ディーラを D，n 人の参加者を $P_1, \cdots, P_n$ と表す。秘密分散は分散フェーズと復元フェーズの二段階で構成される。分散フェーズでは，D は s から n 点の座標であるシェア $(1, v_1), (2, v_2), \cdots, (n, v_n)$ を計算し，セキュアチャネルを介して (i, v_i) を P_i に与える。復元フェーズでは，n 人の参加者のうち k 人が集まると k 個のシェアから s が求まる。

　〔1〕**分散フェーズ**　　D は，$q > \max(s, n)$ となる大きな素数 q を選び，$f(0) = a_0 = s$ となる有限体 Z_q 上の $(k-1)$ 次の多項式の係数をランダムに選ぶ。

$$f(x) = s + a_1 x + \cdots + a_{k-1} x^{k-1} \bmod q \tag{7.1}$$

それから，D は $v_i = f(i) \bmod q$ を計算し，(i, v_i) $(1 \le i \le n)$ を P_i に与える。

　〔2〕**復元フェーズ**　　k 人の参加者 $P_{i_1}, \cdots, P_{i_k}$ が集まったとき，$v_{i_j} = f(i_j) \bmod q$ が $j = 1, \cdots, k$ で満たされるような $(k-1)$ 次の多項式 $f(x)$ を考える。任意の $(k-1)$ 次の多項式 $f(x)$ は，シェア $(i, f(i))$ が k 個あれば復元可能である。つまり，$f(x)$ を復元してその定数項 s を求めることで秘密 s を復元できる。しかし，$f(x)$ を復元してから s を復元するのは非効率的である。そこで，$f(x)$ を復元することなく直接的に s を復元する方法にラグランジュ補間公式がある。

7.3.2　有限体上でのラグランジュ補間公式

　ラグランジュ補間公式とは，k 点から $(k-1)$ 次多項式を構成するための公式である。秘密分散は有限体上で構成されるため，ラグランジュ補間公式を有

限体上で構成する。q および $\{i_1, i_2, \cdots, i_k\}$ は 7.3.1 項と同様のものとする。このとき多項式 $f(x)$ は以下の式で表される。

$$f(x) = \lambda_1(x)f(i_1) + \cdots + \lambda_k(x)f(i_k) \mod q \tag{7.2}$$

ただし，$\lambda_j(x)$ は以下のとおりである。

$$\lambda_j(x) = \prod_{1 \leq t \leq k,\, t \neq j} \frac{x - i_t}{i_j - i_t} \mod q \tag{7.3}$$

以上より，k 個のシェア $(i_1, v_{i_1}), (i_2, v_{i_2}), \cdots, (i_k, v_{i_k})$ から直接的に多項式を生成できることがわかる。さらに式 (7.2) より，y 軸切片を求める次式が得られる。

$$s = f(0) = \lambda_1(0)f(i_1) + \cdots + \lambda_k(0)f(i_k) \mod q \tag{7.4}$$

ラグランジュ補間公式を用いると，多項式を復元することなく直接的に秘密 s を求められることがわかる。

7.3.3　行列による表現

本項では，行列を用いて秘密分散法を構成する。ここでは，Shamir の (k, n) 閾値秘密分散法において秘密 s からシェア $v_1, v_2, \cdots, v_n$ を線形演算で構成する場合を考える。有限体 Z_q 上の $(k-1)$ 個の独立な乱数を $a_1, a_2, \cdots, a_{k-1}$ とし，これらと s を合わせた横ベクトルを $A = (s, a_1, a_2, \cdots, a_{k-1})$ とする。$a_1, a_2, \cdots, a_{k-1}$ は式 (7.1) の多項式係数に対応する。この A に $k \times (n+1)$ 行列（$n < q$）の G をかけあわせることにより，シェア $V = (s, v_1, v_2, \cdots, v_n)$ が生成される（$V = AG$）。

(k, n) 閾値秘密分散法を構成するには，G の任意の k 個の列ベクトルが線形独立となるような行列 G を構成できればよい。ここで，α を Z_q 上の原始元としてつぎのような行列 G を構成すると，任意の $k \times k$ の小行列の行列式が Vandermonde（ファンデルモンド）の行列式となるため，G の任意の k 個の列ベクトルが線形独立となる。

$$
G = \begin{bmatrix}
1 & 1 & 1 & \cdots & 1 \\
0 & \alpha & \alpha^2 & \cdots & \alpha^n \\
0 & \alpha^2 & \alpha^4 & \cdots & \alpha^{n \cdot 2} \\
\vdots & \vdots & \vdots & & \vdots \\
0 & \alpha^{(k-1)} & \alpha^{2(k-1)} & \cdots & \alpha^{n(k-1)}
\end{bmatrix}
\tag{7.5}
$$

$V = AG$ の関係式を見ると，$\alpha, \alpha^2, \cdots, \alpha^n$ がすべて多項式 $f(x)$ の解となっていることがわかり，$(v_1, v_2, \cdots, v_n) = (f(\alpha), f(\alpha^2), \cdots, f(\alpha^n))$ を満たす。

つぎに，なぜ G に原始元 α を用いるのかについて説明する。G' として，つぎのような $q \times q$ の行列を考える。

$$
G' = \begin{bmatrix}
1 & 1 & 1 & \cdots & 1 \\
0 & \alpha & \alpha^2 & \cdots & \alpha^{q-1} \\
0 & \alpha^2 & \alpha^4 & \cdots & \alpha^{(q-1) \cdot 2} \\
\vdots & \vdots & \vdots & & \vdots \\
0 & \alpha^{(q-1)} & \alpha^{2(q-1)} & \cdots & \alpha^{(q-1)(q-1)}
\end{bmatrix}
\tag{7.6}
$$

α は Z_q 上の原始元なので，α を $(q-1)$ 乗すると初めて 1 になる。したがって，α で生成される元の集合は $\{1 (= \alpha^{(q-1)}), \alpha, \alpha^2, \cdots, \alpha^{(q-2)}\}$ となる。つまり，行列 G' の 2 行目の 2 列目以降に位置する値が多項式の解となるため，これらがすべて異なるものになる。同様のことが G' の 3 行目以降についてもいえる。したがって，G' において任意の q 個の列ベクトルが線形独立となる。なお，G は G' の $(n+1)$ 個の列ベクトルから構成されるため，G においても任意の q 個の列ベクトルが線形独立となる。さらに，多項式の解がすべて異なるということはその中に x 座標の 1 や 2 が含まれているため，x 軸として何を選んでもよい。つまり，シェアを $(1, v_1), (2, v_2), \cdots$ として問題ないことを保証する。

7.3.4　秘密分散法の安全性

完全秘密分散法の安全性に関する定理はつぎの二つである。

■ **定理 7.1**　$v_1, \cdots, v_n$ のうち，任意の k 個から元の秘密 s を復元できる。

［証明］　略

■ 定理7.2　どの $(k-1)$ 個の $v_{i_1}, \cdots, v_{i_{k-1}}$ からも，秘密 s について何もわからない。

［証明］　$i_k \in \{i_1, \cdots, i_{k-1}\}$ を任意に選ぶ。ここで式 (7.3) より $\lambda_k(0) \neq 0$ となる。任意の s の値に対して式 (7.4) が成立するような $v_{i_k} = f(i_k)$ が存在するため，つぎのように書くことができる。

$$s = f(0) = \lambda_1(0)f(i_1) + \cdots + \lambda_{k-1}(0)f(i_{k-1}) + \lambda_k(0)f(i_k) \mod q$$

ただし，s は $\lambda_k(0)f(i_k)$ の値によって変わることに注意する。つまり，i_k を調整することでどのような s もとり得る。ゆえに，$(k-1)$ 個の座標点からは多項式が一意に定まらず，すべての y 軸切片を通る可能性が等確率で存在する。これは，シェアの数が $(k-1)$ 個では s について何もわからないことを示している。　■

　(k, n) 閾値秘密分散法は秘密 s の n 個のシェア $v_1, \cdots, v_n$ に対して，情報エントロピーの観点からつぎの二つが成り立つ。一つ目は，任意の相異なる k 個のシェア $v_{j_1}, \cdots, v_{j_k}$ から s が正しく復元できること。つまり，$H(s|v_{j_1}, \cdots, v_{j_k}) = 0$ が成り立つ。もう一つは，任意の $(k-1)$ 個のシェア $v_{j_1}, \cdots, v_{j_{k-1}}$ からは，s の情報がまったく得られないこと，つまり，$H(s|v_{j_1}, \cdots, v_{j_{k-1}}) = H(s)$ が成り立つ。

 ## 7.4　完全秘密分散法の応用

　ここでは完全秘密分散法の応用として，検証可能秘密分散法，プロアクティブ秘密分散法，および閾値型分散復号の三つを説明する。

7.4.1　検証可能秘密分散

　秘密分散には，セキュリティの3要素の一つである完全性を満たしていないという課題がある。この課題を解決するために，**検証可能秘密分散**（Verifiable Secret Sharing, VSS）が提案された[2]。検証可能秘密分散とは，つぎの二つのことを検知できる (k, n) 閾値秘密分散法である。

　・分散フェーズにおいて，D の送付したシェア v_i が改ざんされる不正

・復元フェーズにおいて，参加者が正しいシェア v_i を提供しない不正

ここでは，Shamir の (k, n) 閾値秘密分散法をベースとし，離散対数問題の困
難性に基づく計算量理論的な検証可能 (k, n) 閾値秘密分散法を述べる。大きな
素数 p，および Z_p^* 上の位数 q の元 g を選ぶ。ここで，位数である素数 q と秘
密分散における有限体 Z_q 上の q を一致させている。分散フェーズにおいて D
は以下を公開する。

$$g, y_0 = g^s, y_1 = g^{a_1}, \cdots, y_{k-1} = g^{a_{k-1}} \mod p \tag{7.7}$$

P_i には v_i がシェアとして与えられる。例えば，P_1 は $v_1 = f(1) = s + a_1 + \cdots + a_{k-1}$ を得る。そこで，各 P_i は以下が成り立つかどうかチェックすることで上
記二つの不正を検出できる。

$$g^{vi} = y_0 \times y_1^i \times \cdots \times y_{k-1}^{i^{k-1}} \mod p \tag{7.8}$$

7.4.2 プロアクティブ秘密分散

秘密分散では参加者が秘密情報のシェアを管理しているが，一般的には時間
経過とともにシェアが漏えいするリスクが高まる。この問題を解決するために，
プロアクティブ秘密分散（Proactive Secret Sharing, PSS）が提案されている[3]。
プロアクティブ秘密分散とは，秘密を変化させずにシェアを更新していく (k, n)
閾値秘密分散法である。シェアが更新されると，攻撃者が不正に収集したシェ
アが無駄になってしまうため，秘密の安全性が向上する。ただし，ここではす
べての参加者 P_i が信頼できるものと仮定する。秘密 $s = f(0)$ を変化させずに離
散時間 t ごとにシェアが更新されるため，時間 t の多項式を $f^{(t)}(x)$，シェアを
$v_i^{(t)}$ として，$\delta(0) = 0$ を満たす $(k-1)$ 次のランダム多項式 $\delta(x)$ を元の多項式に
加算することで新たな多項式が更新される。このとき，つぎのように秘密 s は
変化せずに多項式が更新される。

$$f^{(t)}(0) = f^{(t-1)}(0) + \delta(0) = s + 0 = s \tag{7.9}$$

$f^{(0)}(x)$ 以外の多項式 $f^{(t)}(x)$，および $\delta(x)$ は D を含む誰もが知らないことに注
意する。参加者はこれらの多項式を知らないまま $f^{(t)}(x)$ を更新することにな
る。また，P_i がランダム多項式の断片 $\delta_i(x)$ を作成し，参加者全員の協力に

よってつぎのランダム多項式 $\delta(x)$ が作成される。

$$\delta(x) = \delta_1(x) + \delta_2(x) + \cdots + \delta_n(x) \bmod q, \ \delta_i(0) = 0, \ i \in \{1, \cdots, n\} \qquad (7.10)$$

なお，$\delta(x)$ を秘密にする必要があるため，P_i が $\delta_i(x)$ をほかの参加者に送信する際，$\delta_i(x)$ をそのまま送るのではなく $\delta_i(x)$ のシェアを送信する。

・シェアの更新手順

① P_i は，Z_q から $(k-1)$ 個の乱数 $\{\delta_{im}\}_{m \in \{1, \cdots, k-1\}}$ を選び，ランダム多項式の断片 $\delta_i(x) = \delta_{i1}x^1 + \cdots + \delta_{i(k-1)}x^{k-1} \pmod q$ を作成する。定数項がないことに注意する。

② P_i は，ほかのすべての P_j に対して，$\delta_i(j) \bmod q$ をセキュアチャネルで送信する。

③ P_i は，$\delta_j(i)$ $(\forall i \in \{1, \cdots, n\})$ を受け取った後，つぎのように新しいシェアを更新し，$v_j^{(t)}$ 以外を消去する。

$$v_j^{(t)} = v_j^{(t-1)} + (\delta_1(j) + \delta_2(j) + \cdots + \delta_n(j)) \bmod q \qquad (7.11)$$

ただし，$v_j^{(t)}$ が多項式のシェアになっており，$\delta_i(j)$ がランダム多項式の断片のシェアになっていることに注意する。時刻 $(t-1)$ の多項式のシェアとランダム多項式のシェアを足し合わせることによって，時刻 t の多項式のシェアが生成される。

7.4.3　閾値型分散復号

閾値型分散復号とは，k 人が協力することによって暗号文を復号する方式である。図 7.3 は閾値型分散復号（エルガマル暗号ベース）の全体図である。いま，ボブが平文 m をアリスの公開鍵で暗号化してアリスに渡したいと思っているが，アリスの諸事情により，m の復号権限をあるグループ（代表はキャロル）に委任することを考える。ただし，アリスは自身の秘密鍵（復号鍵）をキャロルやそのグループに直接渡したくないとする。そこで，エルガマル暗号と閾値秘密分散を組み合わせることによってこれを実現する。興味深い点は，秘密鍵をシェアに分ける際にシェアを漏らさないようにエルガマル暗号とうまく組み合わせることで，ラグランジュ補間公式を指数部分で演算する点であ

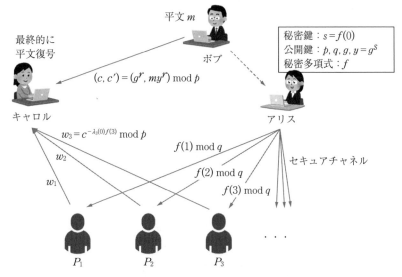

図7.3 閾値型分散復号（エルガマル暗号ベース）の全体図

る。さらに，グループメンバは秘密鍵のシェアを含めたラグランジュ補間公式の断片を暗号文cの指数部分に配置したままキャロルに送信しており，キャロルはシェアを知らないまま指数部分でラグランジュ補間公式を実行し，指数部分で秘密鍵が復元されている。なお，シェアや秘密鍵は離散対数問題の困難性により保護されていることに注意する。その結果，キャロルはアリスの秘密鍵を知ることなく平文mを復号できる。

　具体的な処理手順を以下に示す（図7.3参照）。

① **鍵生成**：　アリスは，まず大きな素数p，およびZ_p^*上の位数qの元gを選ぶ。それから$s \in Z_q$をランダムに選び，$y = g^s \bmod p$を計算した後，公開鍵$pk = (p, q, g, y)$を公開し，秘密鍵$sk = s$を安全に保持する。ここで，位数である素数qと秘密分散におけるZ_qのqを一致させている。つぎに，$(k-1)$次の下記多項式$f(x)$をランダムに選ぶ。

$$f(x) = s + a_1 x + \cdots + a_{k-1} x^{k-1} \bmod q \tag{7.12}$$

ただし，アリスは$f(x)$も秘密に保持する。

② **秘密鍵の分散化**：　アリスは，グループメンバ P_i に秘密鍵 s のシェア $(i, f(i)) \bmod q$ をセキュアチャネルで配布する。

③ **暗号化**：　ボブは，アリスの公開鍵 (p, q, g, y)，および平文 $m \in Z_p$ を入力とし，暗号文 $(c, c') = (g^r \bmod p,\ my^r \bmod p)$ を計算してキャロルに送付する。

④ **復　号**：　P_i は，部分情報 $\lambda_j(0) \bmod q$ を計算してから $w_{i_j} = c^{-\lambda_j(0)f(i_j)} \bmod p$ を計算し，w_{i_j} をキャロルに送信する。閾値を k としたとき，キャロルは k 個の w_{i_j} を入手することで $w = \prod_{j=1}^{k} w_{i_j} = g^{-r(\lambda_1(0)f(i_1) + \cdots + \lambda_k(0)f(i_k))} \bmod p$ を計算する。そしてキャロルは，$w\ (=g^{-rs})$ および暗号文 c' を入力として $m = c'w \bmod p$ を計算することで平文を復号できる。

 ## 7.5　ランプ型秘密分散法

　完全秘密分散は，シェア情報のすべての部分集合が有資格集合（秘密情報が復元される）か禁止集合（秘密情報について何もわからない）のどちらかに所属するようなアクセス構造をもつ。一方，ランプ型秘密分散は有資格集合でも禁止集合でもない中間的な集合を許すアクセス構造をもつ。**ランプ型秘密分散法**は情報の秘匿性の劣化があるが，符号化効率が向上する利点をもつ。

7.5.1　完全秘密分散法の欠点

　完全秘密分散法は，シェア v_i のサイズは秘密 s より小さくできず，n 個の分散情報のサイズは元の秘密の n 倍となり，符号化効率が悪い。つぎの定理はこのことを示している。

■ **定理 7.3**　(k, n) 閾値秘密分散法において，任意のシェア v_i のエントロピー $H(v_i)$ は次式を満たす。

$$H(v_i) \geq H(s) \tag{7.13}$$

［証明］　略

この欠点を改善するために考案されたのが，(k, L, n) 閾値ランプ型秘密分散法である。シェアのサイズを $1/L$ に抑えることができ，符号化効率が良くなる。これを示したものがつぎの定理である。

■ **定理 7.4**　(k, L, n) 閾値ランプ型秘密分散法において，任意のシェア v_i のエントロピー $H(v_i)$ は次式を満たす。

$$H(v_i) \geq \frac{1}{L} H(s) \tag{7.14}$$

［証明］　略

7.5.2　ランプ型秘密分散法の特徴

ランプ型秘密分散法はつぎのような特徴をもつ。

① 任意の k 個以上のシェアが集まれば秘密を完全に復元できる。これは完全秘密分散と同じ特徴である。

② 任意の $(k-L)$ 個以下では秘密に関してまったく情報が得られない。L は 2 以上の整数をとる。ただし，$L=1$ の場合は完全秘密分散になる。

③ 任意の $(k-i)(0<i<L)$ 個では i が小さくなるにつれて段階的に秘密情報に関連する情報が得られる。

図 7.4 は，秘密 s に対する完全秘密分散法とランプ型秘密分散法のエントロピーの推移を表しており，横軸は入手したシェアの数，縦軸はエントロピーである。左側の (k, n) 閾値秘密分散法では，シェアが $(k-1)$ 個まではエントロ

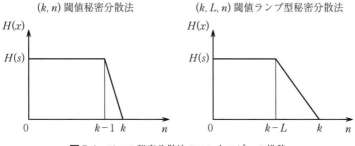

図 7.4　二つの秘密分散法のエントロピーの推移

ピーが最大値をとり（秘密 s について何もわからない），シェアが k 個になる
とエントロピーがゼロになる（秘密 s が確定する）。一方，右側の (k, L, n) 閾
値ランプ型秘密分散法では，シェアが $(k-L)$ 個まではエントロピーが最大値
をとり（秘密 s について何もわからない），シェアが k 個になるとエントロピー
がゼロになる（秘密 s が確定する）。ただし，入手したシェアの数が $(k-L)$ 個
よりも大きく k 個未満の場合，何らかの情報が漏れていることを示している。

　では，具体的にどのような情報がどれだけ漏れているのかについて考察す
る。**図7.5**は，完全秘密分散法とランプ型秘密分散法のそれぞれで漏れる情報
を比較した図である。秘密情報はどちらも 160 ビットであり，多項式は直線で
あるためどちらも閾値は $k=2$ である。ここで，シェアを一つ入手したと仮定
する。左側の $(2, n)$ 閾値秘密分散法では，入手したシェア 1 点からは秘密情報
がまったく漏れないため，秘密情報のエントロピーは 160 ビットのままであ
る。一方，右側の $(2, 2, n)$ 閾値ランプ型秘密分散法では，秘密情報が 80 ビッ
トずつ二つに分けられており，秘密情報は y 軸切片ではなく x 軸の値が大き
い方に置かれる（詳細は後述する）。つまりランプ型秘密分散法では，図7.5
の右側のとおり，入手したシェア 1 点から二つの秘密情報の関係性が漏れる。
これは，1 点がわかるともう 1 点が決まるという関係であり，シェアを一つ入
手すると秘密情報のエントロピーは 160 ビットから 80 ビットに下がることに
なる。

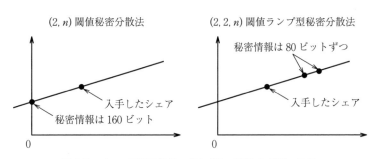

図7.5　二つの秘密分散法のそれぞれで漏れる情報の比較

7.5.3 (k, L, n) ランプ型秘密分散法の構成

(k, L, n) ランプ型秘密分散法は，(k, n) 閾値秘密分散法と同様に，分散フェーズと復元フェーズの二段階で構成される[4]。

〔1〕　**分散フェーズ**　D は，秘密を $s = s_0 \| s_1 \| \cdots \| s_{L-1}$ のように分割し，$q > \max(s_h, n)(0 \le h \le L-1)$ となるような素数 q と，$f(sid_h) = s_h$ となる有限体 Z_q 上の $(k-1)$ 次の多項式を選ぶ。

$$f(x) = a_0 + a_1 x + \cdots + a_{k-1} x^{k-1} \bmod q \tag{7.15}$$

このとき，参加者の ID 情報を $i(1 \le i \le n)$，秘密情報の x 座標を $sid_h = n+1+h$ $(0 \le h \le L-1)$ とする。それから $v_i = f(i)$ を計算し，シェア (i, v_i) $(1 \le i \le n)$ を P_i に与える。つまり，L 個の点である秘密情報 $(sid_1, s_1), (sid_2, s_2), \cdots, (sid_L, s_L)$ をプロットして，それらを通る $f(x)$ を決めてから，$f(x)$ 上を通る点となるシェア (i, v_i) $(1 \le i \le n)$ を決める。ただし，$f(x)$ は $(k-1)$ 次の多項式であるため，自由に決められる秘密情報の点には限界があり，最大で k 個しか含めることができない。すなわち，$k \ge L$ という関係式が成り立つ。

部分秘密情報 s_h およびシェア v_i は有限体 Z_q 上の要素であり，秘密 s のサイズは q のサイズの L 倍となる。すなわち，シェアのサイズは s のサイズの $1/L$ 倍となる。参加者が保存するシェアのサイズが元の秘密情報の $1/L$ 倍となることから，完全秘密分散法と比較してストレージコストが効率的になっている。

〔2〕　**復元フェーズ**　k 人の参加者 $P_{i_1}, \cdots, P_{i_k}$ が集まったとき，$v_{i_j} = f(i_j) \bmod q$ が $j = 1, \cdots, k$ で満たされるような $(k-1)$ 次の多項式 $f(x)$ を考える。任意の $(k-1)$ 次の多項式 $f(x)$ は，シェア $(i, f(i))$ が k 個あれば復元可能である。実際には (k, n) 閾値秘密分散法と同様に，$f(x)$ を復元することなく直接的に s を復元するためにラグランジュ補間公式（ランプ型用）を用いる。

7.5.4　有限体上でのラグランジュ補間公式（ランプ型用）

基本的には，(k, n) 閾値秘密分散法で用いる有限体上でのラグランジュ補間公式とほぼ同じになる。違いは，最後の秘密情報 s を求めるところである。k

個のシェア (i_1, v_{i_1}), (i_2, v_{i_2}), $\cdots$, (i_k, v_{i_k}) から，つぎのように部分秘密情報 $\{s_1, s_2, \cdots, s_{L-1}\}$ を求める。

$$s_h = f(sid_h) = \lambda_1(sid_h)f(i_1) + \cdots + \lambda_k(sid_h)f(i_k) \mod q \qquad (7.16)$$

その後，部分秘密情報を連結することによって，$s = s_0 \| s_1 \| \cdots \| s_{L-1}$ を復元する。

　## 7.6　実験 E：秘密の解読　

秘密分散のシェアは秘密に保持しておく必要がある。もし攻撃者が閾値個のシェアを集めたなら，秘密 s が復元され秘密情報が解読されてしまう。実験 E では，シェアから秘密情報を復元する実験を行う。6 個のシェアから秘密情報を復元する簡単な Python プログラムを実装して実行することで，シェアが漏れると秘密が解読されるリスクを体験する。特に，有限体上のラグランジュ補間公式を用いて，160 ビットの秘密情報が容易に復元されるのを確認し，シェアを安全に保持する重要性を学ぶ。

［具体的な実験手順］

1. 6 個のシェアを用意する。
2. 下記のコード例にある Python プログラムを実行して，秘密情報を復元する。

［実験結果について］

ラグランジュの補間公式を用いて，6 個のシェアから復元された秘密は 160 ビットの整数「385209343338890987104220674775203521887869232500」であり，さらにこれを ASCII 文字コードに変換することによって「Cybersecurity Secret」（実験 B と同じ文字列）という 20 文字（160 ビット）の秘密情報を得る。

［コード例］

```python
import binascii
from Crypto.Util.number import inverse

def lam(vk, j, x, q):
  l = 1
  k = len(vk)
  for t in range(0,k):
    if(j != t):
```

```
        l = l * ((x - vk[t][0]) * inverse(vk[j][0] - vk[t][0],
        q)) % q
    return l % q

def shamir_restor_sec(vk, k, q):
    s = 0
    for i in range(0,k):
        v = vk[i][1]
        s = (s + lam(vk, i, 0, q) * v) % q
    return s

def main():
    q = 136211592309929324236992226130521234356184 6087883
    k = 6
    vk = [[11,369635364464378614581920328402440605139797404816],
          [19,973168607301673818588322605891103951337532 05951],
          [23,469924294403989130114820937516088009639936597645],
          [30,230543654594503238213894644563999874282208028942],
          [31,135829521117441865816844536985439210023051843 7998],
          [42,133706310001654570530524234662257620955074581 2353]]

    s = shamir_restor_sec(vk, k, q)
    print("secret=", s)

    h = format(s, 'x')    # 整数から 16 進文字列（0x なし）へ変換
    print(binascii.unhexlify(h))    # 16 進文字列（0x なし）から文字列へ
                                     の変換

if __name__ == '__main__':
    main()
```

引用・参考文献

1)　Shamir, A.: How to share a secret, Communications of the ACM, **22**, 11, pp.612〜613
（1979）

2)　Feldman, P.: A Practical Scheme for Non-interactive Verifiable Secret Sharing, A
nnual IEEE Symposium on Foundations of Computer Science, pp.427〜437（1987）

3)　Herzberg, A., Jarecki, S., Krawczyk, H.and Yung, M.:Proactive Secret Sharing Or:
How to Cope With Perpetual Leakage, Advances in Cryptology-CRYPTO'95, pp.339
〜352（1995）

4)　Blakley, G.R., Meadows, C.: Security of Ramp Schemes, CRYPTO 1984:
Advances in Cryptology, pp.242〜268（1984）

8章
ネットワーク侵入防御

近年は，多くのシステムや組織内ネットワークがインターネットとつながっている。一方で，インターネットからの攻撃が多数報告されていることから，組織内ネットワークへの侵入防御は非常に重要である。本章ではこれについて学ぶ。

 ## 8.1　ネットワークの基礎知識

2.3.3項で多層防御について述べたが，ネットワークを複数の階層で捉えてそれぞれに対策を行う手法が存在する。ネットワークの階層モデルとしては，TCP/IP 階層モデル（4階層）と OSI 参照モデル（7階層）がよく知られているが，ここでは TCP/IP 階層モデルについて述べる。

8.1.1　**TCP/IP 階層モデルと IP パケット**

TCP/IP は，インターネットなどのネットワーク通信において最も利用されている通信プロトコルである。TCP/IP 階層モデルは，**図8.1** のとおり，アプリケーション層，トランスポート層，インターネット層，ネットワークインタフェース層の4階層から構成されており，階層構造によってネットワークシステムの概念を表現したものである。

・**アプリケーション層**：　HTTP, SMTP, SSH などのアプリケーションのプロトコルがどのような形式や手順でデータをやりとりするか定めている。

・**トランスポート層**：　**TCP**（Transmission Control Protocol）や **UDP**（User

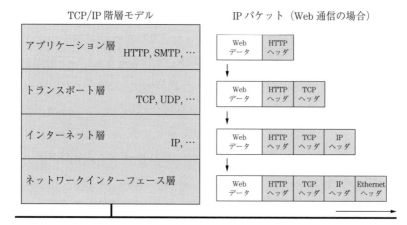

図 8.1 TCP/IP 階層モデルと IP パケット

Datagram Protocol）などにおける通信について定めている。

・**インターネット層**：　ネットワーク上におけるエンドツーエンドの通信について定めている。**IP**（Internet Protocol）によって，ネットワーク上のノードに対して自分の位置情報となる論理アドレス（IP アドレス）が割り当てられる。

・**ネットワークインタフェース層**：　直接接続されたノード間の通信について定めている。イーサネットのプロトコルによって，自分の位置情報となる物理アドレス（MAC アドレス）が割り当てられている。

　図の右側では，Web 通信における IP パケット生成の大まかな流れを示している。まずアプリケーション層において Web データが生成され，それに HTTP ヘッダが付加されて，一つ下の層であるトランスポート層に送られる。Web 通信は TCP を使用するため，トランスポート層では TCP ヘッダが付加され，さらに一つ下の層であるインターネット層に送られる。インターネット層では IP ヘッダが付加され，最下位層のネットワークインタフェース層に送られる。ここで Ethernet ヘッダが付加されて，完成した IP パケットが通信路上に流される。

8.1.2 プライベートIPアドレスを用いたアクセス制御

プライベートIPアドレスを使う理由として，まずはグローバルIPアドレスの枯渇が挙げられるが，組織内ネットワークにおけるセキュリティの向上も重要な理由の一つである。例えば，**図8.2**のようなホームネットワークを考える。ホームネットワークでインターネットを利用するには，ネットワーク境界にWi-Fiルータを配置し，それにパソコンやスマホ，IoT機器などを接続する。たいていの場合，Wi-FiルータはグローバルIPアドレスとプライベートIPアドレスの両方をもち，ホームネットワークの機器にはプライベートIPアドレスが付与される。そうすると，インターネット側の攻撃者から見えるのはグローバルIPアドレスをもつWi-Fiルータのみであり，プライベートIPアドレスが付与された自宅の機器に直接攻撃パケットを送信できない。つまり，Wi-Fiルータがインバウンド方向へのファイアウォールになっていると考えることができる。ただし，Wi-Fiルータが脆弱であるとファイアウォールが突破されてしまうリスクがあることに注意する。

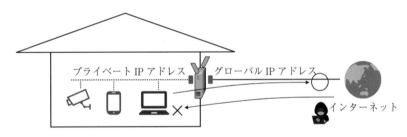

図8.2 プライベートIPアドレスを用いたアクセス制御の例

8.2 ファイアウォール

ファイアウォールは，企業などの組織内ネットワーク（LAN）とインターネットの境界に配置され，通過させてはいけない通信（不正アクセス）を阻止するシステムである。つまりファイアウォールによって，インターネットから組織内ネットワーク，および組織内ネットワークからインターネットへの両方

向のアクセス制御を可能とし，例えば Web 通信とメール通信のみを通すといったことが実現できる。ファイアウォールの概念図を**図 8.3** に示す。ここでは，インターネットから組織内ネットワークへのインバウンド通信に対して，特定のパケットのみが通過していることがわかる。

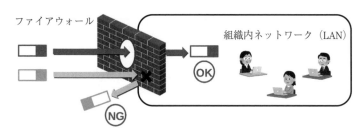

図 8.3 ファイアウォールの概念図（インバウンド通信の例）

8.2.1 ファイアウォールの設計目標

ファイアウォールの設計目標としてはつぎの三つが挙げられる。

- **監視対象**： インバウンド／アウトバウンド方向のすべてのトラフィックがファイアウォールを通過しなければならない。もしファイアウォールを通らないトラフィックが存在すれば，そのトラフィックは監視対象から外れる。

- **フィルタリング**： 組織のセキュリティポリシーに従って許可されたトラフィックのみを通過させなければならない。

- **ファイアウォール自体の安全性**： ファイアウォール自体が攻撃から十分に守られていなければならない。もしファイアウォールの OS に脆弱性があって乗っとられた場合，フィルタリング機能を無効にされるリスクがある。

8.2.2 ファイアウォールの構成

ファイアウォールは組織内ネットワーク（LAN）とインターネットの境界に配置される。ここでは，組織が公開サーバを保持していると仮定する。一般

に，インターネット側からクライアントへのアクセス制御レベルと公開サーバ
へのアクセス制御レベルは異なるため，公開サーバをどこに配置するかで構成
が異なる。ファイアウォールの構成としては**図8.4**のとおり3通りが考えられる。

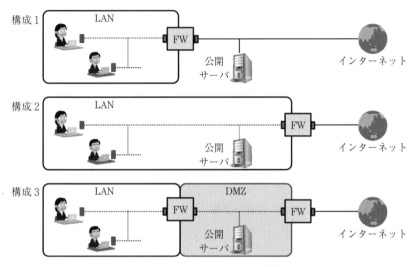

図8.4　ファイアウォールの構成

　構成1は公開サーバをインターネット上に配置する構成である。この場合，
ファイアウォールのフィルタリングルールの制限を厳しくできるが，公開サー
バへのアクセスを制限できない。構成2は公開サーバをLAN内に配置する構
成である。この場合，ファイアウォールのフィルタリングルールによって，公
開サーバとクライアントPCのアクセス制御内容を変えることができるが，万が
一公開サーバがサイバー攻撃によって乗っとられた場合，組織内ネットワーク
に侵入されたことになるため，公開サーバを踏み台としてLAN内への攻撃が拡
大するリスクが高まる。公開サーバが乗っとられるリスクは，LAN内のクライ
アントPCよりも一般に高くなる傾向にある。最後に，構成3は**DMZ**（DeMilitarized
Zone）と呼ばれる別のネットワークセグメントを設け，ここに公開サーバを
配置する構成であり，最も安全なものである。この場合，アクセス制御レベル
が低い公開サーバを前段に配置して一つのファイアウォールで守り，アクセス

制御レベルが高い LAN 内のクライアント PC は奥に配置して二つのファイアウォールで守る。こうすることにより，たとえ公開サーバが乗っとられたとしても LAN 内のクライアント PC への直接的な攻撃を防御できる。

しかし，構成3ではファイアウォールが2台必要となりコストが高くなる問題がある。そのため，コストを抑えつつ構成3と同等の防御が可能となる方法として，一つのファイアウォールにネットワークインタフェースを三つもたせて，インターネット，DMZ（非武装地帯），LAN の三つのネットワークの境界にファイアウォールを配置する構成が考えられる（**図8.5**参照）。この構成は，構成3をより効率的に実現できるが，2台のファイアウォールを1台にしているため，ファイアウォールが乗っとられた場合にファイアウォールを無効にされるリスクがあることに注意する。

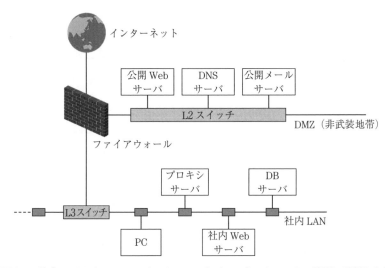

図8.5 社内 LAN においてファイアウォールを三つのネットワークの境界に配置した例

図は，一般によく知られているファイアウォールの配置例であり，インターネット，DMZ，社内 LAN の三つのネットワークの境界にファイアウォールが配置されている。これらの三つのネットワークはアクセス制御レベルが異なるため，三つのネットワーク間のフィルタリングルールは個別に設定されてお

り，それぞれで制御される。また，あるネットワークから別のネットワークへ通信する際は必ずファイアウォールを通る構成となっている。

8.2.3　ファイアウォールの形態

ファイアウォールは**パケットフィルタリング型**と**アプリケーションゲートウェイ型**に分けられる。図8.1で見ると，パケットフィルタリング型はトランスポート層およびインターネット層で実施され，おもにIPヘッダとTCPヘッダを参照してフィルタリングを行うことになる。また，アプリケーションゲートウェイ型はアプリケーション層で実施され，Webデータまでのすべてが参照の対象になる。

パケットフィルタリング型ファイアウォールは，IPヘッダやTCPヘッダをチェックすることでIPパケットの転送や遮断を実行する。具体的には，送信元／宛先のIPアドレス，TCPやUDPなどのプロトコル，ポート番号などをチェックしてフィルタリングを行う。そのため，アプリケーションゲートウェイ型に比べて処理が単純で高速に実行できる。また，どの規則にも当てはまらない場合にはデフォルト処理がなされる。デフォルト処理が遮断の場合，許可ルールを上から順に記載しておき，どの許可ルールにも当てはまらないものが転送禁止となる。逆にデフォルト処理が転送の場合，禁止ルールを上から順に記載しておき，どの禁止ルールにも当てはまらないものが転送許可となる。安全性の観点から，デフォルト処理は「遮断」とすべきである。

アプリケーションゲートウェイ型ファイアウォールは，IPパケットのペイロードまでをチェックすることでIPパケットの転送や遮断を実行する。一般的には，パケットごとにペイロードを検査するフロー型とは異なり，パケットから元のデータを復元して検査するプロキシ型となり，ディープパケットインスペクションと呼ばれる機能をもつ。処理の負荷が増えるという欠点をもつが，ペイロードまでを検査するため，パケットフィルタリング型よりも安全性が高い。ただし，ペイロードが暗号化されていると中身をチェックできないことがあるので注意する。

8.2.4 ファイアウォールの機能

これ以降，ファイアウォールとしてはおもにパケットフィルタリング型のファイアウォールを扱う。ここでは，パケットフィルタリング型のファイアウォールの基本機能としてつぎの四つを示す。

〔1〕 **ルーティング**　ファイアウォールはルータとしての機能をもち，データを二つ以上の異なるネットワーク間でルーティングする。図8.5の例では，DMZ から社内 LAN へのルーティングなどが考えられる。

〔2〕 **フィルタリング**　ファイアウォールは以下の三つの観点で通信をフィルタリングする。

・サービス制御：　インターネットサービスのタイプごとにフィルタリングする。例えば，Web サービスの通信は通す，ファイル共有サービスの通信は遮断するといった制御ができる。

・方向制御：　通信の方向（インバウンド／アウトバウンド）ごとにフィルタリングする。例えば，インバウンドの Web 通信を遮断するが，アウトバウンドの Web 通信は許可するといった制御ができる。

・端末制御：　端末ごとにフィルタリングする。例えば，ある IP アドレスからの通信のみを許可するなどの制御ができる。

〔3〕 **NAT**　インターネットは IP アドレスとしてグローバル IP アドレスしか使うことができない。そのため，グローバル IP アドレスをもつインターネットとプライベート IP アドレスをもつ社内 LAN の境界にファイアウォールを設置する際，NAT はグローバル IP アドレスとプライベート IP アドレスを相互に変換することでプライベート IP アドレスをもつ機器の通信を可能にする。この技術を NAT というが，その詳細は後述する。

〔4〕 **ログ採取**　ファイアウォールを通過したトラフィック，あるいはファイアウォールで遮断されたトラフィックを記録する。

ここからは**図8.6**を用いて，イントラネットのクライアントからインターネットへの通信をフィルタリングするファイアウォールの設定例について説明する。この図では，イントラネット（192.168.1.0/24）に1台のクライアン

フィルタテーブル（TCP）　　　　　　　　　　　　　　「デフォルト＝遮断」

行　為	送信元 IP アドレス	送信元 ポート	宛先 IP アドレス	宛先 ポート	フラグ	NIC
通　過	192.168.1.0/24	ANY	ANY	80, 443		eth1 (in)
通　過	ANY	80, 443	192.168.1.0/24	ANY	ACK	eth0 (in)

図 8.6 ファイアウォールの設定例

ト PC（IP アドレスは 192.168.1.10）が接続され，インターネットとの境界に
ファイアウォールが配置されている。ファイアウォールは二つのネットワーク
インタフェース（インターネット側が eth0，イントラネット側が eth1）をもっ
ており，それぞれに IP アドレスが振られている。インターネット側の IP アド
レスが 1.2.3.4，イントラネット側の IP アドレスが 192.168.1.1 である。ファ
イアウォールを用いて，クライアントからのアクセスは Web アクセス（ポー
ト 80 番と 443 番）のみを許可し，インターネット側を起点とするアクセスは
すべて遮断したい。

　ファイアウォールはフィルタテーブルをもち，このテーブルに従ってフィル
タリングを行う。図には，TCP のフィルタテーブルの例を示している。デフォ
ルト処理は遮断である。フィルタテーブルの1行目は，イントラネットからイ
ンターネットに対して，ネットワークインタフェース eth1 から入ってくるパ
ケットを対象として，宛先ポート 80/TCP と 443/TCP のパケット（Web 通信）
の通過を許可するルールである。またフィルタテーブルの2行目は，ネット
ワークインタフェース eth0 から入ってくるパケットを対象として，1行目の
応答パケットの通過を許可するルールである。応答パケットであるため，IP
アドレスとポートについて送信元と宛先が入れ替わっていることに注意する。
なお，NIC はネットワークインタフェースカードの略であり，ANY は制限し
ないことを意味し，ACK はあるパケットに対する確認パケット（戻りのパケッ
ト）を示すフラグを意味する。デフォルト規則が遮断であるため，二つのルー

ルに当てはまらないパケットはすべて遮断される。

　しかし，このフィルタテーブルのままではクライアント PC がインターネット上のサーバと通信できない。なぜなら，クライアント PC の IP アドレスがプライベート IP アドレスであるため，インターネットでは使えないからである。そのため，プライベート IP アドレスをグローバル IP アドレスに変換する機能が必要である。

8.2.5　ファイアウォールにおけるアドレス変換

　ファイアウォールにおけるアドレス変換は，プライベート IP アドレスをもつ LAN とグローバル IP アドレスが使われるインターネットの架け橋をする。その技術として，**NAT**（Network Address Translation）および **NAPT**（Network Address Port Translation）がある。

　〔1〕**NAT**　　グローバル IP アドレスとプライベート IP アドレスとを変換する機能である。プライベート IP アドレスをもつ LAN とグローバル IP アドレスをもつインターネットの境界に配置されるファイアウォールがこの機能をもつ。また NAT には，**SNAT**（Source NAT）と **DNAT**（Destination NAT）があり，**図 8.7** には具体的な SNAT と DNAT の流れを示している。ファイアウォールの IP アドレスは，LAN 側が「192.168.1.1」，インターネット側が「1.2.3.4」とし，クライアント PC の IP アドレスは「192.168.1.2」，サーバの IP アドレスは「5.6.7.8」とする。ファイアウォールは，グローバル IP アドレスとプライベート IP アドレスを変換するための変換テーブルをもっている。

　SNAT とは，LAN からインターネットに向けて送られる IP パケットにおいて，ネットワーク境界のファイアウォールがパケットの送信元 IP アドレスをプライベート IP アドレスからグローバル IP アドレスに変換することを指す。図の例では，クライアントから送られた IP パケットの送信元 IP アドレスがファイアウォールで変換テーブルに基づいて「192.168.1.2」から「1.2.3.4」に書き換えられている。なお，インターネットに出て行ったこのパケットの送信元 IP アドレスはファイアウォールのグローバル IP アドレスになっているこ

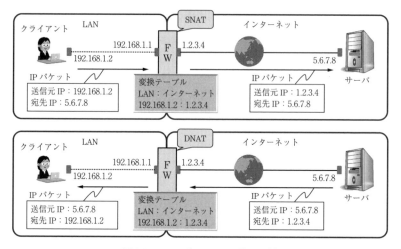

図8.7 SNAT と DNAT の流れの例

とに注意する。つまり，サーバ側からはこのパケットはファイアウォールから送られてきたとしか見えないため，クライアントを隠すこともできている。

一方DNATとは，インターネットからLANに向けて送られるIPパケットにおいて，ネットワーク境界のファイアウォールがパケットの宛先IPアドレスをグローバルIPアドレスからプライベートIPアドレスに変換することを指す。図の例では，サーバから送られたIPパケットの宛先IPアドレスがファイアウォールで変換テーブルに基づいて「1.2.3.4」から「192.168.1.2」に書き換えられている。

NATでは，LAN側のクライアントがファイアウォールのグローバルIPアドレスを借りることになる。しかし，このグローバルIPアドレスは一般に一つしかないので，もしLAN側にあるもう1台のクライアントがインターネットのサーバと通信しようとしてもグローバルIPアドレスがすでに使われているため，通信ができないことになる。この問題を解決するものにNAPTがある。

〔2〕 **NAPT**   NATとNAPTの違いはポート番号を使用するかしないかにある。**NAPT**（Network Address Port Translation）とは，「一つのグローバルIPアドレス＋ポート番号」と「複数のプライベートIPアドレス＋ポート番号」

を変換する機能である。例えば**図 8.8** では，NAPT における SNAT の流れを示している（DNAT は省略）。LAN 側には 2 台のクライアントが接続されているとする。クライアント 2 から送られたパケットの「送信元 IP アドレス＋ポート番号」がファイアウォールで変換テーブルに基づいて「192.168.1.3:54321」から「1.2.3.4:10001」に書き換えられている。異なるポート番号を使用することでクライアント 1 も同様に変換が可能である。なお，送信元ポート番号はランダムに選ばれるため，この変換テーブルは動的に生成されることに注意する。

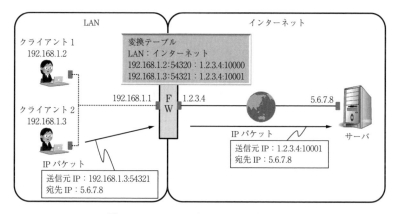

図 8.8 NAPT における SNAT の流れの例

インターネット側から見ると，ファイアウォールから出ていく通信がクライアント 1 のものなのかクライアント 2 のものなのか，あるいはファイアウォールからのものなのかの区別がつかない。これは，LAN においてクライアントがマルウェアに感染した場合，その感染端末の特定を難しくする場合がある。つまり，インターネット側から NAPT を導入しているルータ等までは追跡できるが，その裏に接続されている感染端末までは追跡できない可能性がある。

8.2.6 ステートフルパケットインスペクション

ステートフルパケットインスペクションとは，通過するパケットの状態を

セッションテーブルに記録しておき，それに基づいて応答パケットを判別するものである。ACK フラグが付いているパケットは戻りの確認パケットを意味するため，一般にはそのようなパケットを通過させてもよいと考えられるが，故意に ACK フラグを立てた悪意のあるパケットを送りつける攻撃も存在する。そのため，ACK パケットを無条件に通過させるのではなく，一度通ったパケットの状態を覚えておいて，戻りのパケットを通過させるかどうかを決める方法がより安全である。

図 8.9 はステートフルパケットインスペクションの適用例を示している。ファイアウォールは，まずクライアントから Web サーバへのアウトバウンドの SYN パケットをセッションテーブルに保存しておく。その後，ファイアウォールは逆方向の SYN＋ACK パケットに対してセッションテーブルと照合し，送信元と宛先が逆になっていることなどをチェックすることにより，このパケットが許可したパケットの戻りパケットであることを確認する。これにより，悪意のある ACK パケットを通過させないようにできる。

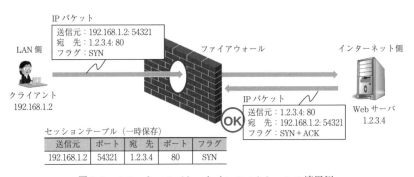

図8.9 ステートフルパケットインスペクションの適用例

図 8.10 は，NAT やステートフルパケットインスペクションを考慮して，図8.6 で記載したファイアウォールの設定例を改善したものである。まずステートフルパケットインスペクションを使用することで，フィルタテーブルに戻りのパケットの記載を省略できる。さらに，クライアントのプライベート IP アドレスのネットワークアドレス「192.168.1.0/24」をファイアウォールのグ

クライアント   LAN   インターネット

フィルタテーブル（TCP）   「デフォルト＝遮断」

行為	送信元 IP アドレス	送信元 ポート	宛先 IP アドレス	宛先 ポート	フラグ	NIC
通過	192.168.1.0/24	ANY	ANY	80, 443		eth1 (in)

NAT テーブル

行為	送信元 IP	送信元 ポート	宛先 IP	宛先 ポート	変換後 送信元	変換後 宛先	NIC
NAT	192.168.1.0/24	ANY	ANY	80, 443	1.2.3.4		eth0 (out)

図 8.10 NAT 等を考慮したファイアウォールの設定例

ローバル IP アドレスに変換する NAT テーブルが追加される。ここで，送信元
IP アドレスの変換はファイアウォールの出て行くところ（eth0）でなされる
ことに注意する。これについては後述する。

8.2.7 パーソナルファイアウォール

パーソナルファイアウォール（Personal Firewall, PFW）とは，端末内におい
て外部ネットワークとの境界に配置され，不正アクセスを阻止するシステムで
ある。具体的には，外部ネットワークからの通信およびコンピュータ内部から
の外部ネットワークへの通信を許可／遮断する。通常のファイアウォールとの
大きな違いは，アプリケーションと連携できる点である。具体的には，プロト
コル（TCP／UDP／ICMP）ごとのフィルタリング，およびネットワークインタ
フェースごとのフィルタリングに加えて，プログラムおよびサービスごとの
フィルタリングも可能となる。これにより，例えば，同じ Web ブラウザのア
プリケーションでも Chrome からの Web アクセスは許可されるが, IE（Internet
Explorer）からの Web アクセスは遮断されるということも実現できる。

Windows ファイアウォールとは，Windows に標準搭載されているパーソナ
ルファイアウォールのことである。Windows XP SP2 で初めて導入されたが，
このときはインバウンド方向のフィルタリングのみであった。その後，

Windows ファイアウォールは Windows Vista で強化され，インバウンド／アウトバウンドの両方向のフィルタリングが可能となった。GUI で設定するのが基本であるが，PowerShell 上で「netsh advfirewall firewall」コマンドを使用して設定等が可能である。

8.2.8　実際のファイアウォール

　ここでは，Linux に実装されているパケットフィルタリング型のファイアウォールである iptables[†]について説明する。iptables には，フィルタリング／NAT の内容が記載されているテーブルとフィルタリング／NAT の実施場所を指すチェーンがある。

- ・テーブル
    - ・フィルタテーブル：　パケットの通過／遮断の制御を記載
    - ・NAT テーブル：　ネットワークアドレスの変換の制御を記載
- ・チェーン
    - ・フィルタリングを実施する場所：　INPUT, OUTPUT, FORWARD
    - ・NAT を実施する場所：　PREROUTING, POSTROUTING, OUTPUT

　図 8.11 は，iptables におけるファイアウォール内の構成を示している。iptables では，ルーティングに対するフィルタリングとファイアウォール自身を守るためのパーソナルファイアウォールの二つが存在するが，ここではルーティングに対するフィルタリング／NAT を扱う。

　まずファイアウォールは受信パケットに対して，ルーティングするものなのかファイアウォール自身へのものなのかを PREROUTING において宛先 IP アドレスから判断する。ルーティングされるパケットなら FORWARD に送られ，ここでフィルタリングされる。DNAT は PREROUTING で IP アドレスの変換が行われ，SNAT は POSTROUTING で IP アドレスの変換を行われる。例えば，インターネットから LAN への戻りのパケットを考えると，DNAT は宛先 IP ア

---

　†　IPv4 用のファイアウォール。IPv6 用は ip6tables である。

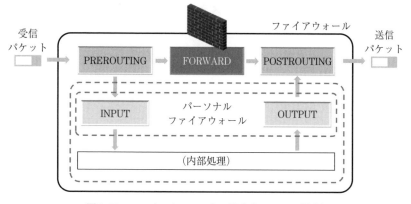

図 8.11 ファイアウォール内の構成 (iptables の場合)

ドレスをファイアウォールのグローバル IP アドレスから LAN 内のクライアン
ト PC のプライベート IP アドレスに変換する。このとき，PREROUTING で変
換がなされないと，ルーティングすべきパケットをファイアウォール自身への
ものと間違えてしまうため，DNAT は PREROUTING で行うことが必要である。

 ## 8.3 その他の侵入防御対策

　ファイアウォール以外の侵入防御対策として，侵入検知システム，侵入防御
システム，サンドボックス，ハニーポットについて紹介する。

8.3.1 侵入検知システム

　侵入検知システム（Intrusion Detection System, IDS）とは，ネットワークを
流れるパケットやサーバ上のログを監視して不正侵入を検知するシステムのこ
とである。IDS は，何をどこで監視するかによって NIDS と HIDS に分けられ
る。**ネットワーク型侵入検知システム（NIDS）**は，監視対象となるネット
ワークセグメント（e.g., DMZ）に設置し，そのセグメントを流れるパケット
を監視する。そのため，ネットワークを流れる通信からしか不正アクセスを検
知できないという制約があるが，通信を行う複数の端末を監視できるというメ

リットがある。**ホスト型侵入検知システム（HIDS）**は，監視対象のコンピュー
タにインストールされることで，そのホストの通信パケットを監視するだけで
なく，機密データへのアクセスや不正プログラムのインストールなども監視す
る。NIDSに比べて監視対象が狭いという制約があるが，対象ホストにおいて
より詳細な検査ができるため，ネットワーク通信を伴わない不正も検知できる
メリットがある。

　IDSは，検知方式によってシグネチャ型とアノマリ型に分類できる。**シグネ
チャ型検知方式**とは，シグネチャと呼ばれる定義ファイルとのマッチングを行
うことで不正を検知するものである。代表例として，アンチウイルスソフトが
挙げられる。該当するシグネチャが存在すれば確実に不正アクセスを検知でき
るが，シグネチャが存在しない新しい攻撃は検知できない。対して**アノマリ型
検知方式**は，プロトコルの仕様に反したものや正常時の振る舞いと統計的に逸
脱したものを異常とみなす検知方式である。そのため，これまでに発見されて
いない未知の攻撃を検知できる可能性がある。しかし，正常な振る舞いと不正
な振る舞いにはオーバラップがあるのが一般的なため，誤検知や検知漏れが存
在する。

　NIDSについてもう少し考察する。通常，ネットワークに接続された端末は
自分自身へのパケットしか拾わない。しかし，NIDSは自身に関係ないパケッ
トも拾う必要があるため，ネットワークを流れるすべてのパケットを受信する
モードである「プロミスキャスモード」を利用する。またNIDSは上位のL2
スイッチ†に接続し，L2スイッチを通過する全パケットを取得して不正アクセ
スを検知するといった使いかたがよくなされる。このときL2スイッチの「ミ
ラーリング機能」を使うことによって，L2スイッチを通るすべての通信を一
つのポートにコピーすることができる。つまり，一つのポートの通信を監視す
ればすべての通信をキャプチャできることになる。さらに，NIDSはファイア
ウォールとの連携も可能である。IDSは不正アクセスを検知するだけで遮断ま

---

　†　OSI参照モデルにおけるレイヤ2（データリンク層）の情報（おもにMACアドレス）
　　に基づいてデータの転送を行うネットワーク機器である。

ではしない。一方，NIDS が送信元 IP アドレスを特定すると，その情報をファイアウォールに通知し，ファイアウォールが自身のフィルタテーブルにその IP アドレスを遮断するように追加することで，不正アクセスを検知して遮断するという一連の動作が可能となる。

8.3.2 侵入防止システム

IDS とファイアウォールを連携させることで不正アクセスの検知から遮断までが可能となるが，これを 1 台で実施できるようにしたのが**侵入防止システム**（Intrusion Protection System, IPS）である。IPS とは，IDS に侵入防止機能を付加したものであり，正当なパケットだけを転送し，不正なパケットを遮断する。また IPS は通信を遮断する必要があるためインライン接続をとり，ネットワークの途中に挿入することでブリッジとして機能する。一方，IDS はインライン接続となっておらず，通信を横から監視する配置をとる。また，インライン接続するときに重要となるのが，機器が故障した際に通信が遮断されないようにすることである。IPS は**フォールトトレラント設計**（fault tolerant design）になっており，機器が故障したときの基本動作はフェイルオープン（通信の維持）である。

8.3.3 サンドボックス

マルウェアの中には，動作させてみないと不正かどうかわからないものが存在する。**サンドボックス**（sand box）は，組織の外部から受け取ったプログラムを保護された仮想マシン環境上で実際に動作させて悪意のあるものかどうかを検査するセキュリティ機能である。マルウェアを子ども，仮想マシンを砂場（サンドボックス）に例えると，安全な場所で自由に遊ばせる様子からイメージがつきやすい。これによって，シグネチャを使った静的な検査で見つけられないマルウェアを検知できる可能性が高くなる。ただし，マルウェアは実行してからすぐに動作するとは限らず，マルウェアかどうかの判定に 1 日以上要するものもあり，リアルタイム検知が難しいという制限がある。また最新の研究

では，高度なマルウェアにはサンドボックスを察知して自身の挙動を変化させ，検知を回避するものも存在することが明らかになっている。

8.3.4 ハニーポット

ハニーポット（Honeypot）は，攻撃されることを意図したダミーのコンピュータシステムである。攻撃者はハニーポットを実システムであると思い込んで攻撃を仕掛け，ハニーポットはそれらの振る舞いをログに記録していく。攻撃者がどのような操作をし，どのようなツールを使用して，どのようにクラックを行うのかを知るのに有益なものである。おとり捜査にも類似している。

IDS で得られるログには誤検知したものやあまり重要でないものを大量に含むため，ログとしての価値の密度が薄まっている。一方ハニーポットでは，送信されてきたどんな活動も本質的に疑われるものであり，収集されたログは防御側にとって純度の高い貴重なものとなるため，蜂蜜に例えられる。つまり，ハニーポットはログという名の甘い蜂蜜をため込む壺というイメージである。以下にハニーポットの利点と欠点を整理する。

- **ハニーポットの利点**
  - データの価値が高い：　ハニーポットに送られてきたものはすべて怪しいため，防御側にとってハニーポットで収集した情報の価値が高い。
  - 誤検知・検知漏れが少ない：　ハニーポットに送られてきたものはすべて怪しいというポリシーに基づいてすべて記録されるため，誤検知（p.137 参照）や検知漏れ（p.137 参照）がほとんどない。
  - 計算資源が少なくて済む：　ハニーポットで収集する頻度やログの量が少ない。
  - 管理が容易：　シグネチャや検知ルールをカスタマイズする必要がない。
- **ハニーポットの欠点**
  - 対象範囲が限定的：　ハニーポットに向けられた攻撃しか観測できない。
  - 攻撃リスク：　高対話型のハニーポットであると乗っとられて管理権限が奪われてしまうリスクがある。また，特徴や振る舞いからハニーポッ

トであることに気づかれると，攻撃者に偽の情報を故意に与えられるリスクがある。

8.4 実験 F：Windows ファイアウォール

一つのサービスに対して複数のアプリケーションが存在する中，あるアプリケーションに脆弱性が発見されて，そのアプリケーションの通信のみを遮断させる場合を考える。

実験 F では，パーソナルファイアウォールを用いて，特定のアプリケーションの通信を遮断する実験を行う。指定したアプリケーションの通信を遮断する命令を Windows ファイアウォールで実行して，パーソナルファイアウォールの機能を体験する。今回は，HTTPS 通信を行うブラウザを対象として，アプリケーションごとのアクセス制御の重要性を学ぶ。

[**具体的な実験手順**]
1. 管理者権限で Windows PowerShell を起動する。
2. PowerShell のコマンドラインにおいて，「netsh advfirewall firewall」コマンドを用いて，IE からの 443/TCP 通信をブロックするように実行する。

[**コマンド例**]

```
netsh advfirewall firewall add rule name="OUT_HTTPS_BLOCK" dir=out
action=block protocol=tcp remoteport=443 program="C:\Program Files (x86)\
Internet Explorer\iexplore.exe"
```

3. Chrome から HTTPS の Web サイトにアクセスでき，IE から HTTPS の Web サイトにアクセスできないことを確認する。
4. PowerShell のコマンドラインにおいて，「netsh advfirewall firewall」コマンドを用いて，当該ルールを削除する。

[**コマンド例**]

```
netsh advfirewall firewall delete rule name="OUT_HTTPS_BLOCK"
```

5. IE から HTTPS の Web サイトにアクセスできるようになることを確認する。

[**実験結果について**]
Windows ファイアウォールを設定することによって，Chrome からの HTTPS 通信は通過するが，IE からの HTTPS 通信が遮断される。

9章
統計的不正アクセス検知

前章でも述べたが，不正アクセスを検知する方式にはシグネチャ型とアノマリ型がある。本章では，統計的に不正アクセスを検知するアノマリ型検知方式に焦点を当てる。

9.1 不正アクセス検知と機械学習

不正アクセスの検知を行う最近の製品やサービスは機械学習を使うものが多い。しかしながら，不正アクセスと正常アクセスを明確に区別するルールを容易に記述できるのであれば機械学習は不要である。例えば，初期のワーム（マルウェアの一つ）は感染拡大を目的として周囲のコンピュータに対してスキャンを行うものであった。そのため，単位時間あたりの宛先 IP アドレスの種類数を送信元 IP アドレスごとにカウントすることでワームの検出が可能であった。このような検知は閾値を設けるだけの単純なルールで十分であり，機械学習を使うまでもない。一方，検知に使えそうな特徴が多数あり，不正アクセスと正常アクセスを明確に区別するルールを容易に記述できない場合は機械学習に頼ることになる。8.3.1 項で述べたように，アノマリ型検知方式では，正常アクセスを不正アクセスと誤検知したり，不正アクセスを正常アクセスと誤判定して検知漏れしたりする可能性がある。そのため機械学習を用いることによって，検知精度を最大化し，誤検知や検知漏れを最小化することが重要となる。さらに，機械学習によって不正アクセスと正常アクセスの区別に効果的な特徴を知ることができる。

9.1.1 教師あり学習と教師なし学習

機械学習には，教師あり学習と教師なし学習の二つがある。この二つの学習には，学習の際に答えを教えてくれる教師がいるのか，答えがないまま自分で学習しないといけないのかの違いがある。

教師あり学習（supervised learning）とは，コンピュータが教師から答えを教わることにより学習するものである。この答えはラベルと呼ばれる。いくつかの答えを事前にコンピュータに教えておくことで，教わっていない問題にも正しく回答できる汎化能力を獲得できる。つまり，事前に学習したことを利用してクラス分類や予測等が可能になる。例えばサイバー攻撃対策では，IDS の過去のアラート例（教師）を利用して学習することによって，IDS のどのアラート列が重要なもので，どのアラート列がそうでないかの傾向などを対策ソフトウェアが学習する。

・教師の例

(1) **VirusTotal**　　VirusTotal[†] とは，ファイルや Web サイトのマルウェアを検査できる Web サービスである。ファイル自体や URL を VirusTotal に入力することで，そのファイルや Web サイトが「マルウェアを含むかどうか」を判定する。具体的には，51 種類のアンチウイルス製品を使用して検査を行い，どの製品がマルウェアを検知したかの一覧が表示される。これを使用することにより，ファイルや Web サイトに良性／悪性のラベルを付与できるため，教師として使用できる。もちろん人もラベルを付与できるが，その人の知識に依存するため，データに客観性のあるラベルを与えるためにこのような外部システムが利用される。ただし，ファイルをアップロードする際，そのファイルの情報がサーバ側に渡ってしまうため，アップロードするファイルのプライバシーに注意する必要がある。

(2) **セーフブラウジング**　　セーフブラウジングとは，マルウェアに感染したホームページなどの不正な Web ページにユーザがアクセスしよう

---

† https://www.virustotal.com/gui/

としたときに警告を表示させる仕組みのことであり，Chrome，Firefox，Safari といったブラウザで採用されている。さらに，セーフブラウジングには Web サイト API も用意されており，指定した Web サイトが「マルウェアを含むかどうか」，「フィッシングサイトかどうか」の判定も行ってくれる。これを使用することによって，Web サイトに良性／悪性のラベルを付与できるため，教師として使用できる。

教師なし学習（unsupervised learning）とは，コンピュータが教師不在のままデータから自身で学習するものである。教師あり学習の前処理，クラスタリング，データの可視化，次元削減等に用いられる。例えば教師なし学習では，サイバー攻撃が数多く含まれていると考えられるログデータに対して，攻撃の傾向を大まかに掴むために可視化を行ったりクラスタリングしたりすることが考えられる。また，教師なし学習で上記のようなデータ加工を行った後に教師あり学習と連携することで精度の向上を図ることもある。

9.1.2 評 価 指 標

機械学習を用いた不正アクセス検知は，振る舞いなどの統計的情報を用いたアノマリ検知に分類されるものであり，誤検知や検知漏れが存在する。**誤検知**（False Positive, FP）とは，正常な振る舞いを異常な振る舞いと間違えて検知することである。例えば，正常通信が異常通信のような振る舞いをすれば，検知システムが間違えて正常通信を異常通信と判定してしまう。False Positive の意味は「システムが誤って（false），警告する（positive）」である。また，**検知漏れ**（False Negative, FN）とは異常な振る舞いを正常な振る舞いとして見逃すことである。例えば，マルウェアが検知されないようにひっそりと通信することにより，検知システムが間違えて異常通信を正常通信と判定してしまう。False Negative の意味は「システムが誤って（false），警告しない（negative）」である。

機械学習を使用する際の基本的な評価指標には，正解率 *Accuracy*，誤検知率（False Positive Rate）*FPR*，検知漏れ率（False Negative Rate）*FNR*，適合率 *Precision*，再現率 *Recall*，F 値（F-value）*F* の六つがある。これらの指標

は，**TP**（True Positive），**FP**（False Positive），**FN**（False Negative），**TN**（True Negative）の四つの値から計算される。なお，対象サンプルはこれら四つのいずれかに必ず分類される。

表9.1を用いてこれら四つの値について説明する。TPは不正と警告したものが実際も不正だった数を表し，FPは不正と警告したものが実際には正常だった数を表す。また，FNは正常と判断して警告を出さなかったものが実際には不正だった数を表し，TNは正常と判断して警告を出さなかったものが実際も正常だった数を表す。これらを表に整理することにより，$TP+FN$が異常系の全サンプル，$FP+TN$が正常系の全サンプル，$TP+FP$が不正と警告した全サンプルであることが容易にわかる。

表9.1　*TP, FP, FN, TN*のまとめ

		真の結果	
		不正	正常
予測結果	不正と警告（陽性）	*TP*	*FP*
	正常と判断（陰性）	*FN*	*TN*

　以下に六つの評価指標を示す。評価する際，重複もあることから下記のすべての値を出すことはしないが，例えば，正解率・誤検知率・検知漏れ率で評価したり，適合率・再現率・F値で評価したりする。

◆ 定義 9.1　正解率

$$Accuracy = \frac{TP + TN}{TP + FP + FN + TN} \tag{9.1}$$

◆ 定義 9.2　誤検知率

$$FPR = \frac{FP}{FP + TN} \tag{9.2}$$

◆ 定義 9.3　検知漏れ率

$$FNR = \frac{FN}{TP + FN} \tag{9.3}$$

◆ **定義 9.4   適合率**

$$Precision = \frac{TP}{TP+FP} \tag{9.4}$$

◆ **定義 9.5   再現率**

$$Recall = \frac{TP}{TP+FN} = 1 - FNR \tag{9.5}$$

◆ **定義 9.6   *F* 値**

$$F = \frac{2}{\dfrac{1}{Precision} + \dfrac{1}{Recall}} \tag{9.6}$$

 ## 9.2 線 形 判 別 分 析

線形判別分析とは，二つのクラスを最もよく判別できる直線を求める手法である。図 9.1 の例では正常なデータと異常なデータが 2 次元でプロットされており，これら二つのクラスを最もよく判別できるような $g(x) = 0$（分類境界）が引かれている。データが直線のどちら側にあるかを判定することで，どちらのクラスに属するかを判別することができ，直感的に理解できる。また線形判別分析は，入力（説明変数）と出力（目的変数）の関係を学習し，未知の入力に対する出力の 2 クラス分類を確定的に行う。図の例では，入力 x は 2 次元ベクトルであり，出力は $g(x)$ の正負で判定する 2 値分類である。例えばマル

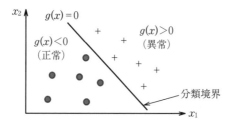

図 9.1　線形判別分析の例

ウェア判別の場合，説明変数は IDS 等のアラート列，目的変数は「マルウェア」か「正常通信」の 2 値となることが考えられる。

　図の例では，$g(x)=0$ が分類境界にあり，$g(x)>0$ で異常，$g(x)<0$ で正常に分類される（$g(x)=0$ はどちらかに含める）。実際に，分類境界線付近にあるような判別が難しい説明変数に関しても，どちらかのクラスに強制的に分類されてしまう。これらの入力は少しだけずれることで異常にも正常にもなり得る。そのため線形判別分析では，例えばマルウェアである確率が 60% であるといった曖昧さを表現できない。マルウェアの傾向が少しだけ見られるというものと明らかにマルウェアであるというものが，どちらも単に「マルウェア」とだけ判定されてしまうのである。

9.3　ベイズ判別分析

ベイズ判別分析は，入力（説明変数）と出力（目的変数）の関係を学習し，未知の入力に対する出力の 2 クラス分類を確率的に行うものである。9.2 節における線形判別分析は確定的にどちらかのクラスに分類されるものであったが，ベイズ判別分析では確率的にどちらかのクラスに分類される。また，確信度ともいえる事後確率を最大化するようなクラス分類が可能であり，事後確率をもとにどちらのクラスに属するかを判別できる。

9.3.1　ベイズの基本公式

　3.4 節で述べた「ベイズの定理」の見方を少し変えて事象 X に着目し，ベイズの定理を次式のように少し変形する。このとき，$P(X)$ を事前確率，$P(X|Y)$ を事後確率，$P(Y|X)$ を**尤度**と呼ぶ。

$$P(X|Y)=\frac{P(Y|X)}{P(Y)}\times P(X) \tag{9.7}$$

式 (9.7) は，X を原因，Y をその結果と解釈できる。ベイズの基本公式は，結果を見ずに原因を判断する事前確率から，結果を見て原因を判断する事後確率

への変換と捉えることができる。つまり，ベイズの基本公式は結果が与えられ
たときにその原因を議論するもの，というふうに考えられる。例えば，ある通
信に対してマルウェア対策機器がアラートを出力する状況を考える。このと
き，原因がマルウェア通信か正常通信の二つであり，結果はアラートの種類で
ある。事前確率は，出力されたアラートを見ずに導出されるため，単純に過去
に記録されたマルウェア通信と正常通信の比から計算されることになる。一
方，事後確率は事前確率に加えて出力されたアラートの種類を考慮する。つま
り，対策機器が過去に出力したアラートの種類を考慮していま発生している通
信がマルウェア通信か正常通信かを判別するため，有益な情報量が増え，より
正しい確率に近づくと考えられる。

　原因は複数種類考えられることが多い。上述のマルウェアの例においても，
マルウェア通信と正常通信の二つの原因が存在する。原因が n 種類ある場合，
それを X_i と表記して次式のように表す。

$$P(X_i|Y) = \frac{P(Y|X_i)}{P(Y)} \times P(X_i) \ \ (i = 1, 2, \cdots, n) \tag{9.8}$$

なお，原因が複数あってその事前確率が与えられていない場合，事前確率を設
定できない。このとき，事前確率をすべて等確率で表し，このことを「理由不
十分の原則」と呼ぶ。例えば，原因が三つあるならそれぞれの事前確率は $1/3$
となる。

9.3.2　ベイズの展開公式

　原因が複数存在し，その複数の原因がすべて排反であるとき，分母の $P(Y)$
をつぎのように分解できる。

$$P(Y) = P(Y \cap X_1) + P(Y \cap X_2) + \cdots + P(Y \cap X_n) \tag{9.9}$$

これに確率の乗法定理を適用すると，さらにつぎのように変形できる。

$$P(Y) = P(Y|X_1)P(X_1) + P(Y|X_2)P(X_2) + \cdots + P(Y|X_n)P(X_n) \tag{9.10}$$

結果 Y は n 個の原因のどれか一つからくるものと仮定すると，最終的にベイ
ズの基本公式はつぎのように変形できる。

$$P(X_i|Y) = \frac{P(Y|X_i)P(X_i)}{P(Y|X_1)P(X_1) + P(Y|X_2)P(X_2) + \cdots + P(Y|X_n)P(X_n)} \quad (9.11)$$

◎ **例題 9.1**　企業 E に過去に届いたメールの添付ファイルに関する統計情報では，マルウェア A，マルウェア B，正常ファイル C の割合が 0.3，0.6，0.1 であり，添付ファイルが PDF である確率は，マルウェア A のとき 0.2，マルウェア B のとき 0.5，正常ファイル C のとき 0.4 であった。ある日企業 E に届いた添付ファイルが PDF であったとき，それがマルウェア B である確率を求めよ。

[解答]　この例題は，X_A：マルウェア A，X_B：マルウェア B，X_C：正常ファイル C，Y：PDF として，$P(X_B|Y)$ を求めればよい。原因 X_A, X_B, X_C がたがいに排反であるため，ベイズの展開公式を用いて，つぎのように解くことができる。

$$P(X_B|Y) = \frac{P(Y|X_B)P(X_B)}{P(Y)}$$

$$= \frac{P(Y|X_B)P(X_B)}{P(Y|X_A)P(X_A) + P(Y|X_B)P(X_B) + P(Y|X_C)P(X_C)} = 0.75$$

結果 Y を得ることにより，マルウェア B である確率が事前確率の 0.6 から事後確率の 0.75 に上昇していることがわかる。

9.3.3　事前確率の重要性

事前確率の偏りが大きいと，事後確率に大きく影響する。つぎの例題は「陽性検査のパラドックス」（著者がマルウェアの検査版に変更†）と呼ばれているもので，事前確率の重要性を端的に表している。

◎ **例題 9.2**　マルウェア A を検知するマルウェア検知ツール V に関して，つぎのことが統計データとして調査されているとする。マルウェア A に感染している PC に V を適用すると，98％の確率で「感染している」と正しく判定され，感染していない PC に V を適用すると，5％の確率で「感染している」と誤って判定される。世界中の PC 全体では，感染している PC と感染していない PC の割合はそれぞれ 0.1％，99.9％であった。そこで，母集団より無作為に抽出された 1 台の PC に V を適用し，感染していると判定されたとき，この

---

†　陽性検査のパラドックスのオリジナル版は病気の検査である。

PC が実際にマルウェア A に感染している確率を求めよ。

[解答]　この例題は，X_1：感染している，X_2：感染していない，Y：陽性判定として，$P(X_1|Y)$ を求めればよい。事前確率および尤度は下記である。

$$P(X_1)=0.001, \qquad P(X_2)=0.999, \qquad P(Y|X_1)=0.98, \qquad P(Y|X_2)=0.05$$

つぎに，下記のとおり $P(X_1|Y)$ を計算する。

$$P(X_1|Y)=\frac{P(Y|X_1)P(X_1)}{P(Y|X_1)P(X_1)+P(Y|X_2)P(X_2)}=\frac{0.00098}{0.00098+0.04995}\approx 0.019$$

$$= Precision$$

　この結果より，事後確率は 1.9 % と非常に低い値になることがわかる。つまり，マルウェアの陽性反応が出ているにも関わらず，実際にマルウェアに感染している確率が 2 % を下回るのである。

　この問題文の情報だけからは，FPR や FNR，Recall を求められないが，事後確率が Precision となっていることが興味深い。これは，尤度に目を奪われて事前確率に疎くなる典型例といえる。つぎに，事前確率に偏りを与えない場合（$P(X_1)$ $=0.5, P(X_2)=0.5$）を考える。この場合の Precision はつぎのとおり 95 % となる。

$$P(X_1|Y)=\frac{P(Y|X_1)P(X_1)}{P(Y|X_1)P(X_1)+P(Y|X_2)P(X_2)}=\frac{P(Y|X_1)}{P(Y|X_1)+P(Y|X_2)}$$

$$=\frac{0.98}{0.98+0.05}\approx 0.95 = Precision$$

以上より，事前確率の偏りの大きさが Precision を下げていることがわかる。

　また，結果が得られるたびに事後確率を更新していくものとして，**ベイズ更新**がある。例えば，マルウェア通信に対して複数のアラートが順に出ることを考えたときに，マルウェアである確率がどのように推移していくかを導出できる。一つ目の結果を考慮すると確率が事前確率から 1 回目の事後確率に更新され，つぎに二つ目の結果を考慮すると確率がさらに 2 回目の事後確率に更新される。

◎ **例題 9.3**　統計情報では，不正スパム業者 A からの添付ファイルは正常とマルウェアが 3：1 の割合であり，不正スパム業者 B からの添付ファイルは正常とマルウェアが 1：3 の割合であり，送り主がこの二つの不正スパム業者のどちらかであることがわかっている。メールからは 2 社の区別ができないものとする。いまどちらかの不正スパム業者から続けて 3 通の添付ファイルが届

き，IDS の判定結果が順に正常，正常，マルウェアであったとする。このメールが不正スパム業者 A からの添付ファイルである確率を求めよ。

[解答]　パラメータをつぎのように定義する。

- X_A：　届いた 1 通の添付ファイルが不正スパム業者 A からである。
- X_B：　届いた 1 通の添付ファイルが不正スパム業者 B からである。
- H：　届いた 1 通の添付ファイルが正常と判定される。
- M：　届いた 1 通の添付ファイルがマルウェアと判定される。

まず理由不十分の原則により，事前確率を $P(X_A)=0.5, P(X_B)=0.5$ とする。最初は添付ファイルが正常と判定されたため，この結果に基づくと事後確率は下記となる。

$$P(X_A|H) = \frac{P(H|X_A)P(X_A)}{P(H|X_A)P(X_A) + P(H|X_B)P(X_B)} = 0.75$$

$$P(X_B|H) = \frac{P(H|X_B)P(X_B)}{P(H|X_A)P(X_A) + P(H|X_B)P(X_B)} = 0.25$$

1 回目の事後確率を事前確率に更新すると $P(X_A)=0.75, P(X_B)=0.25$ となる。引き続き添付ファイルが正常と判定されたため，この結果に基づくと 2 回目の事後確率は下記となる。

$$P(X_A|H, H) = \frac{P(H|X_A)P(X_A)}{P(H|X_A)P(X_A) + P(H|X_B)P(X_B)} = 0.90$$

$$P(X_B|H, H) = \frac{P(H|X_B)P(X_B)}{P(H|X_A)P(X_A) + P(H|X_B)P(X_B)} = 0.10$$

2 回目の事後確率を事前確率に更新すると $P(X_A)=0.90, P(X_B)=0.10$ となる。最後に添付ファイルがマルウェアと判定されたため，この結果に基づくと 2 回目の事後確率は下記となる。

$$P(X_A|H, H, M) = \frac{P(M|X_A)P(X_A)}{P(M|X_A)P(X_A) + P(M|X_B)P(X_B)} = 0.75$$

なお，ある回の事後確率がつぎの回の事前確率になるということは，最初の事前確率に各回の $P(Y|X)/P(Y)$ を乗ずることに等しい。そのため，ベイズ更新の順番が変わっても最終的な事後確率は等しくなることに注意する。

9.3.4　ナイーブベイズ判別器

ナイーブベイズ判別器とは，3 章で述べた条件付き独立の仮定とベイズの定理を適用することに基づいた単純な確率的判別器である。ベイズ理論を利用し

て，結果からその原因を分類するためのものであり，結果となる各特徴ベクトルがたがいに独立で生起すると仮定する。n 個の結果（特徴変数）である Y_1, $\cdots$, Y_n に依存する原因 X についての条件付きモデルは次式となる。

$$P(X|Y_1,\cdots,Y_n) = \frac{P(Y_1,\cdots,Y_n|X)}{P(Y_1,\cdots,\ Y_n)}\ P(X) \tag{9.12}$$

式 (9.12) の分子は，条件付き独立の仮定よりつぎのように変形できる。

$$P(Y_1,\cdots,Y_n|X) = P(Y_1|X)P(Y_2|X)\cdots P(Y_n|X) = \prod_{i=1}^{n} P(Y_i|X) \tag{9.13}$$

したがって，ナイーブベイズ判別器の確率モデルは次式で表される。

$$P(X|Y_1,\cdots,Y_n) = \frac{\prod_{i=1}^{n}P(Y_i|X)}{P(Y_1,\cdots,Y_n)}\ P(X) \tag{9.14}$$

ナイーブベイズは**ベイジアンネットワーク**の単純系と捉えることができる。ベイジアンネットワークとは，因果関係を条件付き確率の連鎖ネットワークにより記述するグラフィカルモデルの一つであり，各ノードを確率変数として，ノード間の関係の推論を**有向非巡回グラフ**（Directed Acyclic Graph, DAG）で表す。グラフィカルモデルは，ディープラーニングのようなブラックボックス型ではなく，確率モデルの構造を視覚化できるため，人間がモデルの意味を読みとることが可能となる。

 ## 9.4 マルウェア検知への適用例

　ここでは，IDS が出力するアラート列に着目してマルウェアを検知することを考える。まず教師あり学習の一つであるナイーブベイズを用いてアラート列を学習させ，マルウェア検知の確率モデルを構築した後，そのモデルを用いて新規通信の判別を行う。学習フェーズにおいては，つぎの統計情報および解析結果からマルウェア通信かどうかを学習することにより確率モデルを作成する。

　・マルウェア通信／正常通信のラベル

・マルウェア通信／正常通信に対して IDS が出力する各アラートの出現確率

・マルウェア通信／正常通信の比率

判別フェーズにおいては，学習フェーズで構築された確率モデルを用いて，新規通信がマルウェア通信かどうかを判別する。

つぎにパラメータの説明を行う。X_1 をマルウェア通信，X_2 を正常通信とし，Y_i を IDS が出力するアラート i (alert-i) とする。そして，出力されたアラート列を $Y=\{Y_1, Y_2, Y_3, \cdots\}$ とする。ここで，アラート列 Y が得られたときのマルウェア通信である確率と正常通信である確率はそれぞれ下記となる。

$$P(X_1|Y) = \frac{P(Y|X_1)P(X_1)}{P(Y|X_1)P(X_1) + P(Y|X_2)P(X_2)} \tag{9.15}$$

$$P(X_2|Y) = \frac{P(Y|X_2)P(X_2)}{P(Y|X_1)P(X_1) + P(Y|X_2)P(X_2)} \tag{9.16}$$

新規通信がマルウェア通信なのか正常通信なのかを判別するには，上記の二つの式 (9.15) および式 (9.16) の値を比較すればよい。ただし，どちらも分母が同じであるため，分子のみの比較で十分である。つまり，$P(Y|X_1)P(X_1) > P(Y|X_2)P(X_2)$ ならマルウェア通信，逆に $P(Y|X_1)P(X_1) < P(Y|X_2)P(X_2)$ なら正常通信と判別する。さらに，条件付き独立の仮定より，アラート列が $Y=\{Y_1, Y_2, Y_3\}$ の場合の尤度は以下のように変形できる。

$$P(Y|X) = P(Y_1|X)P(Y_2|X)P(Y_3|X) \tag{9.17}$$

これはアラート列ではなく各アラートが出る確率であり，計算可能であることを意味する。したがって，$P(Y_1|X_1)P(Y_2|X_1)P(Y_3|X_1)P(X_1) > P(Y_1|X_2)P(Y_2|X_2)P(Y_3|X_2)P(X_2)$ ならマルウェア通信，$P(Y_1|X_1)P(Y_2|X_1)P(Y_3|X_1)P(X_1) < P(Y_1|X_2)P(Y_2|X_2)P(Y_3|X_2)P(X_2)$ なら正常通信と判別する。

◎ **例題 9.4**　ある通信に対してマルウェア通信か正常通信かを調べるために，四つのアラート alert-1, alert-2, alert-3, alert-4 に着目する。これらのアラートは**表 9.2** の確率でマルウェア通信と正常通信に対して出力されることが，過去の通信ログ等で調べられているものとする。また，平常時の通信の中でマル

表9.2 アラートの確率

アラート	X_1（マルウェア）	X_2（正 常）
Y_1 (alert-1)	0.6	0.1
Y_2 (alert-2)	0.5	0.3
Y_3 (alert-3)	0.1	0.02
Y_4 (alert-4)	0.4	0.08

ウェア通信と正常通信の比率は1:19であった。ある通信に対して，alert-1，alert-2, alert-4の順序でアラートが1回ずつ出力されたとき，この通信はマルウェア通信／正常通信のどちらに判別するのが妥当かを答えよ。

［解答］　マルウェア通信と正常通信のそれぞれの事前確率は$P(X_1)=0.05$，および$P(X_2)=0.95$である。表より，マルウェアの60%にalert-1が出力されることが調べられているため，$P(Y_1|X_1)=0.6$である。したがって，つぎの二つの値を比較することでマルウェア通信か正常通信かを判別できる。

$$P(Y|X_1)P(X_1) = P(Y_1|X_1)P(Y_2|X_1)P(Y_4|X_1)P(X_1) = 0.006$$
$$P(Y|X_2)P(X_2) = P(Y_1|X_2)P(Y_2|X_2)P(Y_4|X_2)P(X_2) = 0.00228$$

$P(Y|X_1)P(X_1) > P(Y|X_2)P(X_2)$となるため，本通信はマルウェア通信と判別するのが妥当である。

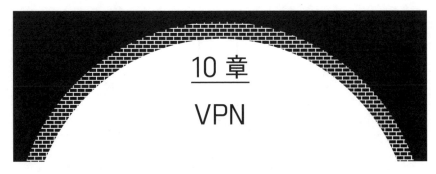

10 章
VPN

VPN とは，利用者間で仮想的なトンネルを構築して，プライベートなネットワークをインターネット越しに拡張する技術である。その結果，物理的に離れている複数の拠点ネットワークでも同一ネットワークに属しているかのような利便性や安全性を確保できる。例えば，本社 LAN と支社 LAN を安全に接続したり，会社 LAN と自宅 LAN を安全に接続したりできる。安全性を確保するには，暗号化（通信データの機密性を保証），メッセージ認証（通信データの完全性を保証），および相手認証が必要となる。VPN を実現するには，つぎのような具体的なプロトコルが用意されている。

・IPsec
・TLS / SSL

IPsec はインターネット層，TLS / SSL はトランスポート層で動作し，それぞれ自身より上位層の通信内容に対してセキュリティを保証できる。さらに，どちらのプロトコルもハイブリッド暗号を利用している。本章では，まず VPN の概念について説明した後に，上記の 2 種類のプロトコルをそれぞれ説明し，それを踏まえて VPN の説明を行う。

 10.1　VPN の 概 念

図 10.1 では，郵便に例えた VPN の概念を表している。ここでは，大阪支社総務部のアリスがつくば本社営業部のボブに紙の書類を渡したいと思っている。ただし，大阪支社とつくば本社は物理的に離れており，この間は日本郵便を使う必要がある。まず，アリスは企業内で使われている封筒の宛先に「本社営業部 ボブ様」と記載して社内郵便に出す。この封筒の宛先が本社であることから，大阪支社の郵便担当事務はこれをさらに普通郵便の封筒に入れて切手

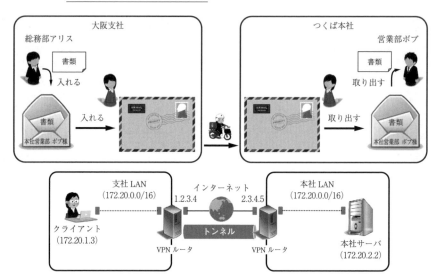

図 10.1 VPN の概念

を貼り，本社宛に郵便に出す。本社の郵便担当事務はこの封筒を受け取ると開封し，中から社内郵便物を取り出して営業部に転送する。最終的にボブがこの社内郵便を受け取る。

　この例では，アドレスとして「社内部署」と「本社住所」の2種類が使われている。社内部署は企業内でしか通用しないアドレスを指し，本社住所は全国で通用するアドレスである。これをネットワーク通信に当てはめると，社内郵便は社内 LAN に相当し，日本郵便はインターネットに相当する。また，本社営業部が本社サーバのプライベート IP アドレス（172.20.2.2）に対応し，本社住所が本社側の VPN ルータのグローバル IP アドレス（2.3.4.5）に対応する。支社 LAN 側の VPN ルータが大阪支社の郵便担当事務に対応し，インターネットで本社と通信できるようにグローバル IP アドレスを使う。郵便配達は，IPsec ならトンネルモード（10.2 節参照）に相当し，普通郵便の封筒により中身が見えない。これにより，VPN が何をしているかのイメージを掴むことができる。

10.2 IPsec

IPsec（IP security architecture）とは，インターネットで安全な通信を実現するために提案されている方式の一つであり，インターネット層で暗号化と認証を行うプロトコルである。インターネット層より上位層にある情報に対して通信のセキュリティを保証するため，最上位層にある多様なアプリケーションのセキュア化に対応可能である。つまり，上位層にあるアプリケーションでセキュリティを意識しなくても，その下位層にあるインターネット層でセキュア化され，通信の暗号化等がなされる。おもに，拠点間の VPN を構築するツールの一つでもある。IPsec は，つぎの三つのプロトコルで構成される。

- ・IKE：　鍵共有を行って二者間で秘密鍵を共有するプロトコルである。
- ・AH：　認証のみを行うプロトコルであり，パケットの改ざんチェックやパケットの送信元確認を行うことができる。
- ・ESP：　暗号化および認証を行うプロトコルであり，パケットのペイロードの暗号化，パケットの改ざんチェック，およびパケットの送信元確認を行うことができる。

実際には，IKE と ESP でハイブリッド暗号を用いたセキュアチャネルを構成できる。ハイブリッド暗号は二段階で構成されており，まず公開鍵暗号技術を用いて鍵共有・相手認証を行い，つぎに共有された秘密鍵を用いた共通鍵暗号によってデータの暗号化を行う。IPsec でハイブリッド暗号を実現する際，鍵共有・相手認証を IKE で実現し，データの暗号化を ESP で実現している。

IPsec（ESP の場合）の概念図は**図 10.2** のとおりである。支社 LAN にいるクライアントが，本社の LAN に配置された本社サーバと通信を行うことを考える。ただし，支社 LAN と本社 LAN は直接 LAN がつながっているわけではなく物理的に離れているため，通信を行うには間にインターネットを介する必要がある。このような状況で IPsec を利用するとセキュアチャネルが可能となる。図では，支社 LAN も本社 LAN も同じプライベート IP アドレス空間

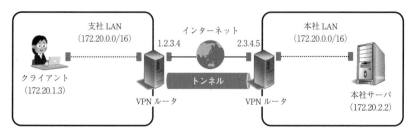

図 10.2　IPsec の概念図（トンネルモードの場合）

（172.20.0.0/16）を設定しており，クライアントの IP アドレスが 172.20.1.3，
本社サーバの IP アドレスが 172.20.2.2 である。二つの LAN の間にインター
ネットがあると本来プライベートな通信ができないが，IPsec を利用すること
で二つの LAN の間で通信できるようにトンネル（通信が暗号化されているた
め中身が見えない）が張られる。また，インターネットが安全なネットワーク
空間ではないため，IPsec はディジタル署名を用いた相手認証（VPN ルータの
認証）や MAC を用いたメッセージ認証を実現している。VPN ルータがそれぞ
れの LAN の境界に配置され，この VPN ルータ同士が IPsec で通信し，それぞ
れの VPN ルータがグローバル IP アドレスをもつ。

　IP パケットで見てみると，クライアントから送信される IP パケットは，プ
ライベート IP アドレスをもつ IP ヘッダと IP ペイロードで構成される。これ
がインターネットを越えるには，支社の VPN ルータでパケットをカプセル化
し，本社の VPN ルータでパケットのカプセル化を外すといった VPN ルータ間
のトンネル化を行う必要がある。こうすることで，支社 LAN と本社 LAN があ
たかも同じ LAN であるかのように扱うことができる。

10.2.1　カプセル化モード

IPsec では，パケットをカプセル化する方法として，トランスポートモード
とトンネルモードがある。図 10.2 はトンネルモードを表している。ここでは，
図 10.3 を用いて，トランスポートモードとトンネルモードのそれぞれについ
て説明する。

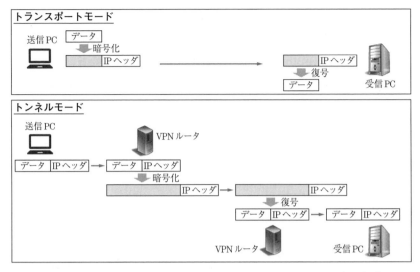

図 10.3 カプセル化モード（トランスポートモードとトンネルモード）の概略図

トランスポートモードでは送信 PC に IPsec のソフトウェアがインストールされており，送信 PC 自身がパケットのセキュア化を行う。つまり，自身でデータ（IP ペイロード）を暗号化することになる。送信 PC から出て行くパケットがすべてセキュア化されるため，送信 PC のアプリケーションは通信路の安全性を考えなくてよい。また，**トンネルモード**ではネットワーク境界のVPN ルータに IPsec が備わっており，VPN ルータ間でパケットがセキュア化される。つまり，VPN ルータが送信 PC のパケットを丸ごと暗号化することになる。VPN ルータから出て行くパケットがすべてセキュア化されるため，VPN ルータ配下の LAN 内に配置されているクライアントは VPN 間の通信路の安全性を考えなくてよい。ただし，LAN 内ではパケットが暗号化されていないことに注意する。

10.2.2 セキュリティアソシエーション

セキュリティアソシエーション（Security Association, SA）とは，IPsec におけるコネクションのことであり IPsec SA と呼ばれる。送信用と受信用のそれぞ

れに別々の IPsec SA が設定される。**図 10.4** は，IPsec のトンネルモードにおけ
る IPsec SA の具体例を示している。SAD（Security Association Detabase）は SA
を管理するデータベースであり，ここではルータ A の送信用 SAD と受信用 SAD
を示す。この SAD からは，モードがトンネルモード，プロトコルが ESP，暗号
化アルゴリズムが AES 暗号の CBC モード，MAC アルゴリズムが SHA2 ベースの
HMAC（鍵長 256 ビット）であることがわかる。

VPN ルータ A の送信用 SAD

SPI	モード	プロトコル	暗号化	暗号化鍵	MAC	⋯
1	トンネル	ESP	AES-CBC	3E1BC12CAA1D392B48E5⋯	HMAC-SHA2-256	⋯
⋯	⋯	⋯	⋯	⋯	⋯	⋯

VPN ルータ A の受信用 SAD

SPI	モード	プロトコル	暗号化	暗号化鍵	MAC	⋯
2	トンネル	ESP	AES-CBC	3E1BC12CAA1D392B48E5⋯	HMAC-SHA2-256	⋯
⋯	⋯	⋯	⋯	⋯	⋯	⋯

図 10.4　IPsec SA の具体例

IPsec SA は以下のパラメータセットをもつ。

・セキュリティパラメータインデックス（SPI）：　SA の識別子（AH や ESP
ヘッダに含まれる 32 ビット情報）

・宛先 IP アドレス

・セキュリティプロトコル（AH or ESP）

・カプセル化モード（トランスポート or トンネル）

・暗号化アルゴリズム（対称鍵暗号）

・MAC アルゴリズム

・暗号化鍵，MAC 鍵

・ライフタイムなど

IPsec では，SAD のほかにセキュリティポリシーを管理するデータベースで

ある SPD（Security Policy Database）も扱うが，本書では説明を割愛する。

10.2.3　IKE

IKE（Internet Key Exchange protocol）とは，SA を生成するためのオンラインの鍵共有プロトコルのことであり，フェーズ 1 とフェーズ 2 にわかれている。IKE 全体の流れを**図 10.5** でまとめている。IKE によって，ハイブリッド暗号における鍵共有・相手認証までが完了する。

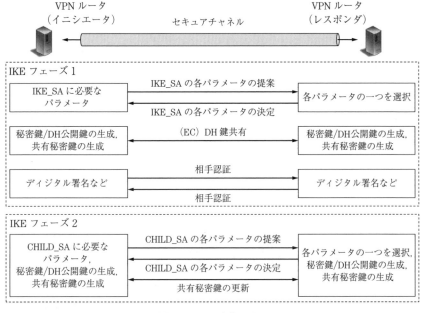

図 10.5　IKE 全体の流れ

〔1〕　**IKE フェーズ 1（鍵共有用トンネル）**　　IKE_SA の確立が行われる。まず，ネゴシエーションにより IKE_SA に必要なパラメータを決める。具体的には，ハッシュアルゴリズム，認証アルゴリズム，DH グループ（DH のパラメータ等），ライフタイムなどを決定する。その後，（EC）DH 鍵共有によって共有秘密鍵を生成する。これは暗号化鍵や MAC 鍵のマスター鍵となる。さらに，ディジタル署名などを用いて相手認証を行う。DH 鍵共有が行われると秘

匿通信が可能となる。

〔2〕 **IKE フェーズ 2（データ通信用トンネル）**　　CHILD_SA の確立が行わ
れる。まず，秘匿通信におけるネゴシエーションにより CHILD_SA に必要なパ
ラメータを決める。具体的には，セキュリティプロトコル（AH or ESP），暗号
化アルゴリズム，MAC アルゴリズム，カプセル化モード（トランスポートモー
ド or トンネルモード），ライフタイムなどを決定する。さらに，秘匿通信のもと
で秘密共有鍵の更新を行う。

10.2.4　AH

AH（Authentication Header）とは，メッセージ認証のみを行うためのプロ
トコルである。データそのものは暗号化されないので，データの機密性は確保
できない。

図 10.6 は，支社 LAN と本社 LAN における，トンネルモード AH の利用例
であり，図 10.2 と同じネットワーク構成例を使用する。クライアントから送
信される IP パケットは，クライアントから本社サーバへのパケットである。

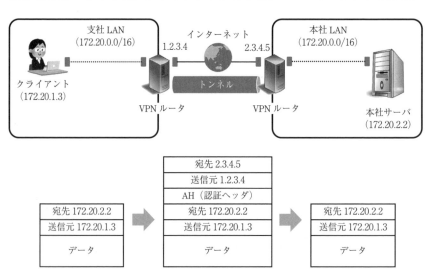

図 10.6　AH の利用例（トンネルモード AH の場合）

これがインターネットを越えるためにカプセル化される際，クライアントのパ
ケットが（暗号化されずに）そのまま IP ペイロードとなり，MAC が計算され
てその値が AH に格納される。それから，AH とグローバル IP アドレスの IP
ヘッダを付けて新たな IP パケットを生成する。受け取った VPN ルータにおい
て，このカプセル化を外すと元のクライアントの IP パケットが得られ，その
パケットがルーティングされて本社サーバに届く。

　AH のフォーマットは，TCP か UDP かを示すペイロードタイプ，AH の長さ
であるペイロード長，SA の識別子である SPI，シーケンス番号フィールド，
および MAC データで構成される。AH では元の IP パケット全体が認証され
る。トランスポートモードでは AH が IP ヘッダ直後に挿入され，トンネルモー
ドでは AH が元の IP ヘッダと新しい IP ヘッダの間に挿入される。

10.2.5　ESP

　ESP（Encapsulating Security Payload）は共通鍵暗号でペイロード部を暗号
化するためのプロトコルである。メッセージ認証はオプションとなっている
が，暗号化と完全性検証を組み合わせて使用することが推奨されている。

　図 10.7 は，トンネルモード ESP の利用例である。クライアントから送信さ
れる IP パケットは，クライアントから本社サーバへのパケットである。これ
がインターネットを越えるためのカプセル化では，クライアントの IP パケッ
ト全体が暗号化されて IP ペイロードとなり，つぎに ESP ヘッダとグローバル
IP アドレスの IP ヘッダを付けて新たな IP パケットを生成する。それから，
ESP ヘッダと暗号化データの MAC が計算されて IP パケットに付加される。受
け取った VPN ルータにおいて，このカプセル化を外すと元のクライアントの
IP パケットが得られ，そのパケットがルーティングされて本社サーバに届く。

　ESP のフォーマットは，ESP ヘッダ（SPI，シーケンス番号フィールド），
IP ペイロード，ESP トレーラ（パディングデータなど），および MAC で構成
される（**図 10.8** 参照）。トランスポートモードでは，元の IP ペイロードと新
たに付加される ESP トレーラが暗号化され，ESP ヘッダが IP ヘッダと IP ペ

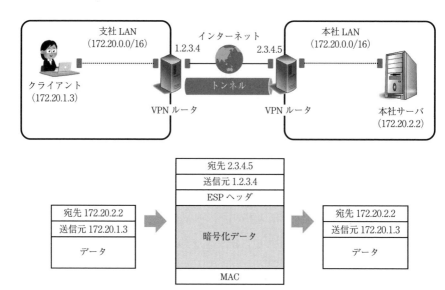

図 10.7 トンネルモード ESP の利用例

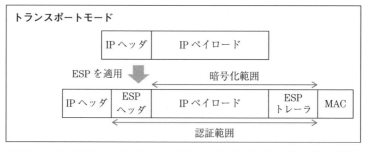

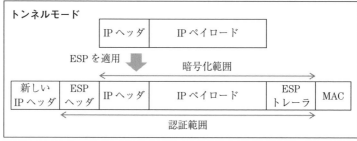

図 10.8 ESP のフォーマット（IPv4 の場合）

イロードの間に挿入される。最後に IP ヘッダ以外のデータに対して MAC が
計算され，それが IP パケットの末尾に付加される。一方，トンネルモードで
は，元の IP パケット全体と新たに付加される ESP トレーラが暗号化され，
ESP ヘッダが元の IP ヘッダと新しい IP ヘッダの間に挿入される。最後に新し
い IP ヘッダ以外のデータに対して MAC が計算され，それが IP パケットの末
尾に付加される。

10.2.6　使用されている具体的な暗号技術

　表 10.1 は，IPsec で使用されている暗号技術の例を示している。ここでは，
RFC6379 に掲載されている暗号技術を示しており，二つのレベルの安全性が
整理されている。なお，鍵共有・認証には楕円曲線上で定義された暗号技術が
利用され，ESP には認証暗号[†]が利用されている（MAC を使用しない）こと
に注意する。

表 10.1　IPsec で使用されている暗号技術の例[1)]

		Suite-B-GCM-128	Suite-B-GCM-256
IKEv2	暗号化	AES-CBC (128-bit 鍵)	AES-CBC (256-bit 鍵)
	完全性	HMAC-SHA-256-128	HMAC-SHA-384-192
	鍵共有	256-bit ECDH	384-bit ECDH
	認　証	256-bit ECDSA	384-bit ECDSA
ESP	暗号化	AES-GCM (128-bit 鍵, 16-byte ICV)	
	完全性	（暗号化に含まれる）	

10.3　TLS/SSL

　TLS（Transport Layer Security）とは，インターネットで安全な通信を実現
するために提案されている方式の一つであり，サーバとクライアントの通信の
セキュリティを確保するために開発されたプロトコルである。ウェブやメール

---

　† 　AEAD（authenticated encryption with associated data [RFC5116]）を使用する。

など，さまざまなアプリケーションでの利用が可能である。以前は **SSL**（Secure Sockets Layer）と呼ばれていたが，RFC2246 として標準化される際に TLS と呼ばれるようになった。SSL3.0 と TLS1.0 との間に正確な互換性はないが，仕様の違いはわずかである。本書執筆時点の 2020 年 12 月では TLS1.3（RFC8446）が最新である。

　図 10.9 は，TLS の全体像である。登場人物は，ユーザ A，サーバ B，認証局（CA）の三者であり，ここではクライアントがサーバを認証することを想定する。まず公開鍵が 2 種類使われていることに注意する。一つは CA の公開鍵（CA が施した署名の検証用）であり，もう一つはサーバの公開鍵である。

　図を用いて具体的な手順を説明する。

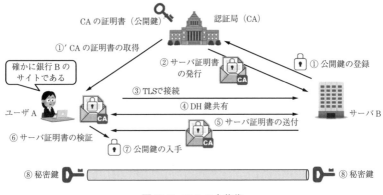

図 10.9　TLS の全体像

① サーバ B は自身の Web サイトが確かに銀行 B のものであるということを示すため，自身の公開鍵を CA に登録する。これにより，サーバ B の公開鍵を CA に証明してもらうことができる。さらに，ユーザ A は CA の公開鍵を事前に入手しておく（①′）。最近では CA の最新の公開鍵がブラウザに組み込まれている。

② CA は，サーバ B の申請者およびサーバ B の公開鍵等に問題ないかどうかを確認し，問題がないと判断すると自身の秘密鍵でサーバ B の公開鍵に署名し，サーバ証明書を発行する。ディジタル署名の否認不可の性質

により，サーバ証明書は CA が確かに署名したという証になる。

③ ユーザ A が TLS でサーバ B に接続する。

④ ユーザ A とサーバ B で（EC）DH 鍵共有を行う。

⑤ サーバ B はサーバ証明書をユーザ A に送信する。

⑥ ユーザ A は CA の公開鍵を使用してサーバ証明書を検証する。

⑦ この検証が通ると，ユーザ A はこのサーバ証明書が正当なものであると判断し，この中にあるサーバ B の公開鍵を取り出す。

⑧ 共有された DH 鍵から暗号化や MAC の秘密鍵の生成を行う。

TLS/SSL は，ハンドシェイクプロトコルとレコードプロトコルとの二つの層にわかれる。これらはハイブリッド暗号の二段階にそれぞれ対応しており，まずハンドシェイクプロトコルにおいて鍵共有・相手認証を行い，つぎにレコードプロトコルにおいて共有された秘密鍵で暗号化を行う。したがって，ハンドシェイクプロトコルはセッション管理を担当して鍵共有と相手認証を行い，レコードプロトコルはコネクション管理を担当して暗号化と MAC 演算を行う。以降では，肝となるハンドシェイクプロトコルとレコードプロトコルに焦点を当てて説明する。

10.3.1 セッションとコネクション

セッションとは，通信に用いる暗号化アルゴリズムなどについて通信主体間で合意した関係のことである。通信開始時にハンドシェイクプロトコルでセッションを生成し，これが通信終了まで存在する。このセッションにおいて，鍵共有や接続先 Web サーバの認証を行う。一方**コネクション**は，実際の通信を行う通信チャネルである。コネクションごとに共有された秘密鍵を保持し，この鍵を使って接続先 Web サーバとセキュアチャネルを構築する。セッションとコネクションについては，一つのセッションが複数のコネクションを管理するイメージである。

10.3.2 ハンドシェイクプロトコル

ハンドシェイクプロトコルとは，安全な鍵共有とディジタル署名等を用いた相手認証の二つの機能を実現して，セッションを管理するプロトコルであり，セッション ID，公開鍵証明書，暗号スイート，マスターシークレットといった情報を管理する。このうち暗号スイートは，例えば「TLS_ECDHE_RSA_WITH_AES_128_GCM_SHA256」というふうに，複数の暗号技術（ECDHE 鍵共有[†]，RSA_PSS 署名，AES 暗号 GCM モード，SHA256）が記載されたものである。

図 10.10 は，ハンドシェイクプロトコルにおけるクライアントとサーバのやりとりを示している。ハンドシェイクプロトコルは，セキュアチャネルを構築する前段階の準備を行っていることがわかる。本プロトコルはおもに三つのフェーズから構成される（TLS1.3 を想定）。

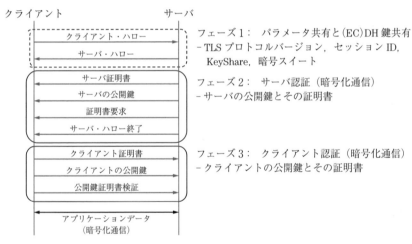

図 10.10 ハンドシェイクプロトコルの基本的な流れ（(EC) DH 鍵共有版）

・フェーズ１： パラメータの共有と(EC)DHE 鍵共有

TLS プロトコルバージョン，セッション ID，KeyShare，暗号スイート，といったパラメータがネゴシエーションされ共有される。(EC)DHE 鍵共

---

† ECDHE の末尾の E は ephemeral（一時的）の略である。ECDHE は一定期間だけ有効な鍵ペアを使用した ECDH を意味する。

有のためおたがいに KeyShare（g^x など）を出し合う。

・フェーズ2： サーバ認証

サーバ認証はサーバ証明書の検証によって行うことができ，その後サーバの公開鍵を取得する。

・フェーズ3： クライアント認証

クライアント認証はクライアント証明書の検証によって行うことができ，その後クライアントの公開鍵を取得する。

(EC)DHE 鍵共有がなされると，サーバとクライアント間でマスタシークレットが共有され，それをもとにしてセキュアチャネルが形成される。

10.3.3 レコードプロトコル

ハンドシェイクプロトコルにおいて鍵共有と相手認証が完了し，セキュアチャネルの準備が整った。**レコードプロトコル**とは，コネクションのセキュリティを提供するものであり，上位層からのデータを複数のブロック（レコード）に分割してから MAC 生成・暗号化を行って送信し，下位層からのデータに対しては復号・MAC 検証・レコードの組み立てを行って上位層に引き渡すプロトコルである。データ暗号化のために共通鍵暗号（e.g., AES）を利用し，暗号化のための鍵はコネクションごとに一意的に決まる。メッセージ認証にはMAC を利用する。なお，TLS1.3 からは AES-GCM といった認証暗号のみが採用されており，MAC 単体では使用されなくなった。

10.3.4 使用されている具体的な暗号技術

TLS1.3 では，**表 10.2** に示す暗号技術が使用されている。暗号化については，TLS1.3 から認証暗号のみが採用されているため，MAC が削除されている。また鍵共有については，DH 方式または事前共有鍵方式（PSK）のみとなっている。

暗号化	AES-GCM, AES-CCM, ChaCha20-Poly1305 のみ （AES-GCM が必須）
鍵共有	DHE, ECDHE, PSK のみ（ECDHE が必須）
署　名	RSA-PSS, RSASSA-PKCS1-v1_5, ECDSA（すべて必須）
ハッシュ関数	SHA-256, SHA-384 など（SHA-256 が必須）

10.4　VPN の詳細

　先に述べたとおり **VPN**（Virtual Private Network）とは，利用者間で仮想的なトンネルを構築し，プライベートなネットワークをインターネット越しに拡張する技術である。VPN は拠点間 VPN とリモートアクセス VPN の 2 種類に大別される。拠点間 VPN は本社と支社を接続するような形態（図 10.1 参照）であり，リモートアクセス VPN はホテルの LAN や自宅の LAN から本社 LANに接続するような形態である。これら 2 種類の形態をまとめると，VPN とは，接続する VPN サーバが設置されているネットワークと同じセグメントにトンネリングする技術だといえる。**図 10.11** は VPN の運用例をまとめたものである。ここでは，支社 LAN にあるクライアントが物理的に離れている本社 LANとあたかも同じネットワークセグメントにいるかのように振る舞える。また，

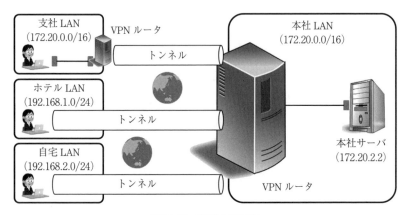

図 10.11　VPN の運用例

ホテルや自宅の LAN に接続しているクライアントが本社 LAN 内にいるかのように振る舞える。つまり、VPN はその名のとおり、本社 LAN のプライベートネットワークに自身が仮想的に接続する技術である。

10.4.1 拠 点 間 VPN

拠点間 VPN とは、離れた拠点の LAN 同士を安全に接続する VPN を指す。一般に、Web サーバやファイルサーバのアクセス制御強化のために、同じ LAN 内からしかアクセスを許可しないという制限がかけられることがある。しかし、拠点間 VPN を利用することで、支社 LAN にいながらも本社 LAN にある Web サーバやファイルサーバにアクセスできるようになる。拠点間 VPN にはつぎの 2 種類がある。

- ・インターネット VPN：　これまで説明した VPN であり、インターネット上の専用線を仮想的に作成するものである。安価に利用できる。
- ・IP-VPN：　通信事業者の（インターネットを経由しない）閉域網を用いて構築される VPN であり、MPLS（Multi Protocol Label Switching）などのプロトコルを使用する。

10.4.2 リモートアクセス VPN

リモートアクセス VPN とは、外出先から拠点の LAN に安全に接続する VPN を指す。つまり、ノート PC やスマホから社内のシステムに安全にアクセスでき、社内からのアクセスに限定された Web サーバやファイルサーバを自宅などから使用できるようになる。リモートアクセス VPN にはつぎの 2 種類がある。

- ・Web ブラウザの利用：　普段から使用する Web ブラウザで VPN が可能となる。専用ソフトをインストールしなくてもよいというメリットがある。
- ・VPN クライアントソフトの利用：　専用ソフトで軽快に動作する。例えば、SoftEther VPN（TLS-VPN）が有名である。

10.4.3 具体的なプロトコル利用例

IPsec を用いた VPN（IPsec-VPN）と TLS を用いた VPN（TLS-VPN）の具体的な利用例を紹介する。

〔1〕 **IPsec-VPN**   IPsec-VPN では，IPsec のトンネルモード ESP を用いて拠点間 VPN を構築できる。トンネルモード ESP の利用例は図 10.7 を参照されたい。

〔2〕 **TLS-VPN**   TLS-VPN とは，TLS で認証や暗号化を行ってトンネリング通信を実現する VPN であり，おもにリモートアクセス VPN に使用される。ファイアウォールによる遮断リスクが低いといわれており，SoftEther VPN などが知られている。

図 10.12 は，TLS-VPN によるリモートアクセス VPN の構成例を示している。自宅 LAN にあるクライアントから，本社 LAN 内からしかアクセスが許されていない本社サーバにアクセスすることを想定する。自宅 LAN の境界には Wi-Fi ルータがあり，自宅 LAN 側の VPN ルータは仮想的にクライアント PC 内に構築される。自宅 LAN はプライベート IP 空間であり，クライアント PC にはプライベート IP アドレス 192.168.1.3 が割り当てられている。クライアントは仮想的に本社 LAN に入る必要があるため，本社 LAN のプライベート IP

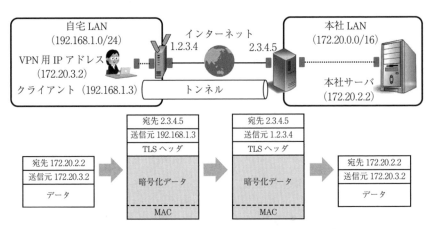

図 10.12 TLS-VPN によるリモートアクセス VPN の構成例

アドレスを VPN 用 IP アドレスとしてもつ必要がある。つまり，実際に VPN
接続したときには，自宅 LAN でのプライベート IP アドレス 192.168.1.3 と本
社 LAN でのプライベート IP アドレス 172.20.3.2 の両方をもつことになる。

　IP パケットで見てみると，クライアントから送信される IP パケットは，ク
ライアントから本社サーバへのパケットである。これがインターネットを越え
るためにカプセル化がなされる。このとき，クライアントの IP パケット全体
から MAC が計算されて IP パケットの末尾に付加され，その MAC を含めた IP
パケットが暗号化されて IP ペイロードとなる。それから TLS ヘッダとグロー
バル IP アドレスの IP ヘッダが付加されて新たな IP パケットが生成される。
なお，パケットが自宅 LAN から出て行くときには NAPT 処理されてインター
ネットに送信される。受け取った VPN ルータにおいて，このカプセル化を外
すと元のクライアントの IP パケットが得られ，そのパケットが適切にルー
ティングされて本社サーバに届く。したがって，クライアントがあたかも本社
LAN にいるかのように振る舞うことができ，本社 LAN 内からしかアクセスが
許されていない本社サーバにアクセスすることができる。

引用・参考文献

1)　情報通信研究機構：2011 年度版リストガイド，
　　https://www.cryptrec.go.jp/report/cryptrec-tr-2002-2011.pdf
2)　情報処理推進機構，情報通信研究機構：SSL/TLS 暗号設定ガイドライン，
　　https://www.cryptrec.go.jp/report/cryptrec-gl-3001-2.0.pdf

11章
暗号資産とブロック チェーン

暗号資産†とブロックチェーンは 2008 年にビットコイン[1]とともに登場した技術である。本章では，暗号資産とブロックチェーンについて説明し，さらに具体的な暗号資産としてビットコインとイーサリアムをとりあげる。

 ## 11.1 暗号資産の特徴

暗号資産は，銀行を介さない個人間送金が国境を越えて行えるものである。銀行に頼る必要がないため，銀行口座をもたないユーザもそのような送金が可能となる。このようなグローバルな送金は，現時点で暗号資産でしか実現できない。一方で国内に閉じた話に限っていえば，銀行を介さない個人間送金は暗号資産でなくても行える。近年流行っている○○ペイを利用すればその実現は容易である。したがって暗号資産は，個人間送金の世界統一化に向けた一つの解決策といえるかもしれない。

11.1.1 暗号資産による送金

図 11.1 は，暗号資産においてどのように送金が行われるのかを示したイメージ図である。アリス (A)，ボブ (B)，キャロル (C) の 3 人の参加者が金融取引を行っており，アリスがボブに 1 000 円を支払いたいとする。A, B, C はそれぞれの仮名を意味する。このとき，①A が最初に 5 000 円をもっており，②

---

† 2020 年 5 月 1 日に施行された改正資金決済法において，名称を「暗号資産」で統一することになった。これまで「仮想通貨」，「暗号通貨」と呼ばれることがあった。

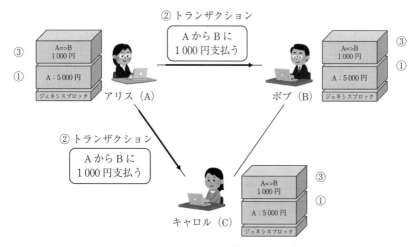

図 11.1 暗号資産による送金のイメージ

アリスが「A から B に 1000 円支払う」という**トランザクション**（取引データ）をブロードキャストし，③ 各参加者が送金履歴を更新する，という手順となる。なお，C は直接取引には関係しておらず，取引履歴の保存に協力するユーザである。図ではブロックチェーンのイメージに近づけるため，ジェネシスブロック（最初のブロック）から各ブロックを積み上げて送金等の履歴を更新しており，A が最初に 5000 円もっていたこともブロックに記載され共有されている。つまり，このブロックを積み上げたものがブロックチェーンである。これにより，ある人が別の人に 1000 円を支払う場合，1000 円札が元の所有者から新しい所有者のもとへ物理的に移動するという不換紙幣の取引に近いことが電子的に実現できることがわかる。ブロックチェーンの内容を下から順に確認すればお金の流れがわかり，現時点で A が 4000 円，B が 1000 円をもっており，C が何ももっていないことが判明する。各参加者がもっているブロックチェーンは台帳と考えられるため，一般にブロックチェーンは分散型台帳技術といわれている。さらに図を眺めると，銀行などの管理者が不在であり，参加者全員で送金履歴を分散管理している様子がうかがえる。実際にブロックチェーンは，この図のような P2P ネットワークで支えられている。

11.1.2　ほかのディジタルマネーとの違い

　暗号資産の特徴をより深く理解するために，ほかのディジタルマネーとの違いを見ていく。**表11.1**は，法定通貨，電子マネー，プリペイドカード，および暗号資産を五つの観点で比較したものである。暗号資産は，まずほかのディジタルマネーと比較してお金の発行主体が存在しないという特徴をもち，マイニングによってブロックチェーンの中で新たに生成される。また，暗号資産は各ユーザが自身の残高を管理し，セキュリティについては法定通貨と同様にユーザの匿名性を満たす（正確には仮名性）。さらに，ほかのディジタルマネーと比較しても暗号資産は暗号技術に基づいた強い偽造不可能性を有している。実際に，法定通貨，電子マネー，プリペイドカードはいずれも過去に偽造されている。転々流通性に関しても，暗号資産は法定通貨と同様に満たしているが，最近では転々流通性を満たす電子マネーがいくつか登場している。

表11.1　法定通貨，電子マネー，プリペイドカード，暗号資産の比較

	法定通貨	電子マネー	プリペイドカード	暗号資産
発行主体	○	○	○	×
残高一元管理	△	○	×	×
匿名性	○	×	○	○
偽造不可能性	△	△	△	○
転々流通性	○	△	○	○

11.1.3　アルトコイン

　アルトコイン（altcoin）とは，ビットコイン以外の暗号資産の総称であり，執筆時点では全世界で8 000種類以上のアルトコインが存在している[†]。多くのアルトコインは基本的な仕組みがビットコインに類似する。代表的なアルトコインには，イーサリアムやビットコインキャッシュ，NEM（ネム）などがあり，下記のとおりそれぞれが独自の特徴をもっている。

　・イーサリアム：　スマートコントラクトの利用が可能

---

　† 　https://coinmarketcap.com/all/views/all/

・ビットコインキャッシュ：　ビットコインベースであり，ブロック容量が 8MB（ビットコインの8倍）

・ライトコイン：　ビットコインベースであり，承認時間が2分半（ビットコインの1/4）

・NEM：　送金にメッセージの組み込みが可能

・モネロ：　リング署名の利用により匿名性が強化

11.1.4　ウォレット

ウォレットは，ビットコインの保管など暗号資産の「財布」の役割を果たすものである。暗号資産の送金には，送金内容を記載したトランザクションにディジタル署名を付与する必要があり，ディジタル署名を生成できる（トランザクションを発行できる）のは秘密鍵をもっている者だけである。そのため，ウォレットには送金に必要な秘密鍵が保管される。つまり，ウォレットが盗まれることによって秘密鍵が盗まれ，その秘密鍵によって不正送金がなされてしまうということである。ビットコインやイーサリアムなどの暗号資産は，取引所のウォレットだけではなく，スマホ等で使えるウォレットアプリや紙に秘密鍵やアドレスを印刷したペーパーウォレット，USBタイプのハードウェアウォレットなどがある。ウォレットは，つぎのとおり**ホットウォレット**と**コールドウォレット**に大別できる。

・**ホットウォレット**：　インターネットを通じて暗号資産の操作を行うことができるウォレットである。インターネットに接続されているため，不正アクセスの標的になることもあるが，アプリなどでリアルタイムに送金が行える。多くの場合，暗号資産の一部をホットウォレットとして運用している。

・**コールドウォレット**：　インターネットから完全に切り離された場所に保管されるウォレットのことである。暗号資産の頻繁な出し入れには不向きであるが，不正アクセスによって暗号資産が盗まれるリスクを大幅に下げることができる。コールドウォレットの種類としては，専用デバイスで管

理するハードウェアウォレットや紙に印刷して管理するペーパーウォレットなどがある。

通常，ホットウォレットとコールドウォレットを併用して使用することが多く，コールドウォレットで大半の暗号資産を保管し，ホットウォレットには少量の暗号資産を入れておく使いかたをする。なお，2020 年 5 月 1 日施行の改正資金決済法では，ホットウォレットの比率を 5％以下にすることが規定された。

11.1.5　ブロックチェーンエクスプローラー

有名な暗号資産はたいてい**ブロックチェーンエクスプローラー**（Blockchain Explorer）が用意されている。ブロックチェーンエクスプローラーとは，ビットコインやイーサリアムなど，さまざまな暗号資産の取引記録を確認することができる Web サービスである。ブロックチェーンをもたないユーザにとっても，このサービスを利用することによってブロックチェーン上に記録された全取引を簡単に確認できる。ただし，ブロックチェーンエクスプローラーはブロックチェーンの内容をフィルタリングすることも可能であるため，Web サーバの信頼性に依存することに留意する。具体的なブロックチェーンエクスプローラーとして，ビットコインのエクスプローラーの「BlockCypher[†1]」，イーサリアムのエクスプローラーの「Etherscan[†2]」がある。

暗号資産における登場人物はフルノードと軽量ノードの二つに分けられる。フルノードは，ブロックチェーンをすべて保存する通常のノードを指し，必要とするストレージの容量が大きくマイニングを行える。一方，軽量ノードは，ブロックチェーンのヘッダのみをもつノードを指し，必要とするストレージの容量が小さくマイニングを行えず，**SPV**（Simple Payment Verification）クライアントとも呼ばれる。

---

†1　https://www.blockcypher.com/
†2　https://etherscan.io/

11.2　ブロックチェーン

ブロックチェーン（Blockchain）は 2009 年にビットコインとともに発明された技術である。以下に詳細を述べる。

11.2.1　ブロックチェーンの基本構造

ブロックチェーンは，暗号技術と P2P（Peer to Peer）ネットワークの両面を併せもつ技術であり，P2P で価値を取引するためのセキュアな分散台帳システムであるといえる。つまりブロックチェーンは，銀行などの信頼できる第三者機関を必要としない，ネットワーク上のノード間で共有されている取引の台帳である。この台帳は，追加のみが可能なデータベースであり，一度記録されると変更や改ざんができないものである。

ブロックチェーンは暗号学的ハッシュ関数とディジタル署名を利用している。**図 11.2** にブロックチェーンの基本的なデータ構造を示す。各ブロックはヘッダ部とボディ部で構成され，一つ前のブロックのハッシュ値がヘッダ部に格納され，トランザクションがボディ部に格納される。ブロック 1 のジェネシスブロック（先頭のブロック）から始まり，各ブロックのハッシュ値がつぎのブロックのヘッダ部に格納されて，ブロック間はハッシュによって関連付けられる。

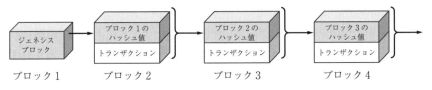

図 11.2　ブロックチェーンの基本的なデータ構造

各トランザクションにはディジタル署名が付けられているため，ブロックチェーン格納前のトランザクションに対して改ざん検知が可能である。また，途中のブロックに改ざんがあるとそのブロック以降のハッシュ値の整合性がと

れなくなるため，暗号学的ハッシュ関数によってブロックチェーンに格納後の
トランザクションに対して改ざん検知が可能である。

また，ブロックチェーンはP2Pネットワークを利用した分散台帳技術でも
ある。図11.3にブロックチェーンのP2Pネットワークの概念図を示す。ブ
ロックチェーンはP2Pネットワークを通じて参加者全員に共有され多重化さ
れている。どこか一つのノードでブロックが追加されると，そのブロックが
ネットワーク全体にブロードキャストされ，つぎつぎにブロックチェーンが更
新される。

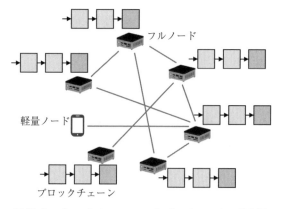

図11.3 ブロックチェーンのP2Pネットワークの概念図

ブロックチェーンにおいて，どのようにトランザクションが発行され，どの
ようにネットワーク上で更新されるのかの詳細は後述する。大まかには，トラ
ンザクションがブロードキャストされると，その内容がチェックされてからブ
ロックの中に格納され，そのブロックが再びブロードキャストおよび共有され
た後に，各参加者がそのブロックを追加するという流れである。すなわち，各
参加者は基本的に同じブロックチェーンをもつことになる。

11.2.2 ブロックチェーンの性質
ブロックチェーンのおもな性質としては以下がある。

〔1〕 **耐改ざん性** トランザクションがブロックチェーンに記録されると，それを変更することは事実上不可能である。ある時点におけるトランザクションの内容が変更されると，後続のブロックのハッシュ値がすべて変更されるため，あるブロックの改ざんを成功させるにはそれ以降のすべてのブロックを作り直さねばならない。そのため，後続のブロックが追加されればされるほど，そのブロックの耐改ざん性が増す。このセキュリティの性質は暗号技術で実現されている。ただし，この耐改ざん性の性質により，悪意あるデータが一旦ブロックチェーンに格納されると，基本的には永遠に格納され続けてしまう欠点をもつ。

〔2〕 **高可用性** ブロックチェーンネットワークは，世界中のP2Pネットワークで支えられており，一時的なノードの故障，時折発生する一部の計算ノードの利用不能，ネットワーク遅延やパケット消失などに耐えるように設計されている。また，ノードが多重化されていることから，いくつかのノードがダウンしたとしてもシステムが持続する高可用性を有する。ただし，この高可用性の性質により，一旦スタートしたサービスを停止したくても停止できないという欠点をもつ。

11.2.3　ブロックチェーンの種類

ブロックチェーンは，アクセス制御の観点で，管理者に許可されたノードのみがネットワークに参加可能な「パーミッション型」，および管理者不在でそのような許可を必要としない「パーミッションレス型」に分けることができる。さらに，パーミッションレス型にはパブリックブロックチェーンがあり，パーミッション型にはコンソーシアムブロックチェーンとプライベートブロックチェーンがある。それぞれについて説明する。

パブリックブロックチェーンとは，誰もが利用・閲覧できるブロックチェーンのことを指す。ビットコインやイーサリアムなど暗号資産の大半がパブリックブロックチェーンであり，誰でもトランザクションを発行したり，その内容をチェックしたりできる。特定の管理者がいないため，透明性が高いという特

徴をもつ。**コンソーシアムブロックチェーン**は，複数の団体や企業が管理権限をもつブロックチェーンのことを指す。これは，複数の企業が同じひとつのプロジェクトに取り組むような場面で使われる。そして**プライベートブロックチェーン**は，トランザクションの情報を閲覧することも利用することもプライベートに制限されるブロックチェーンのことを指す。

なお本書におけるブロックチェーンは，パブリックブロックチェーンを指すことに注意する。

 ## 11.3　ビットコイン

ビットコイン（Bitcoin）は，いかなる国にも限定されないグローバルな資産を目指す非中央集権的な暗号資産である[1]。本節では，ビットコインの詳細を述べていく。

11.3.1　ビットコインの送金

図 11.4 は，ビットコインの送金の概念図を示している。ここでは，ユーザ

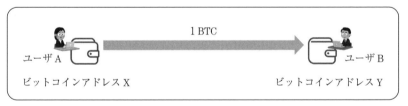

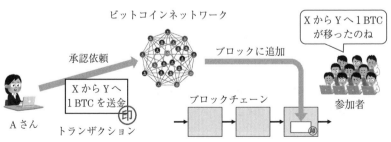

図 11.4　ビットコインの送金の概念図

AがユーザBに1BTC[†1]を送金することを考える。具体的には，ユーザAの
ウォレット（ビットコインアドレスX）からユーザBのウォレット（ビット
コインアドレスY）に1BTCが送金される。ただし，送金といっても何か電子
的なお金が移動するわけではないことに注意する。

　具体的な送金の流れについて図を用いて説明する。まずユーザAが公開鍵
暗号技術における鍵ペア（公開鍵と秘密鍵）を生成し，秘密鍵は他人に知られ
ないように厳重に管理し，公開鍵からはアドレスを生成する[†2]。鍵ペアを生成
し，自身のビットコインアドレスXを生成した後，ユーザAは「XからYへ
1BTCを送金」というトランザクションをユーザAのディジタル署名付きで
ビットコインネットワークにブロードキャストして承認依頼を行う。このと
き，署名を生成できるのが秘密鍵をもっているユーザAだけであることに注
意する。ビットコインネットワークは世界中のノードがつながっているネット
ワークであり，マイニング（後述する）と呼ばれるトランザクションの承認処
理を行う。はじめにトランザクションの署名が検証され，正当なものと判定さ
れたトランザクションのみがブロックの中に格納される。つぎに，マイナーと
呼ばれるノードが探索パズル（後述する）を解くことによってブロックをブ
ロックチェーンにつなげることができ，これがトランザクションの承認（マイ
ニング）を意味する。その後，新たにブロックチェーンにつながったブロック
がブロードキャストされ，各参加者はそのブロックを検証し，問題がなければ
正当なブロックとして自身のブロックチェーンに追加する。ブロックチェーン
は誰もがその内容を確認できるので，参加者はこの記録を参照することでX
からYへ1BTC移ったことに合意する。

---

†1　BTCはビットコインの資産単位である。本書では，ビットコインの資産自体を指す
　　ときにもBTCを使用する。
†2　公開鍵はSHA-256とRIPEMD-160の2種類の暗号学的ハッシュ関数で1回ずつ，計
　　2回ハッシュされてビットコインアドレスに変換される。

11.3.2 ビットコインのブロックチェーン

ビットコインのブロックチェーンは**図 11.5**のようになっている。各ブロックはヘッダ部とボディ部をもつ。ヘッダ部には，ハッシュ値，タイムスタンプ，マークルルート，ナンス[†1]の四つの値が格納されており，ボディ部には，トランザクション（TX）が発行者のディジタル署名付きで格納されている。マークルルート（5.2 節参照）は，ボディ部にあるトランザクション（サイズの上限は 1 MB）で構成されるマークルツリーのマークルルートが格納される。そのため，ブロックのハッシュ値はヘッダ部のハッシュ値のみで十分となる。実際各ブロックヘッダ部には，一つ前のブロックのヘッダ部のハッシュ値が格納されている。ハッシュ値は暗号学的ハッシュ関数 H によって計算され[†2]，ナンスはハッシュ値を調整するための値となる。2020 年 12 月現在では，ブロックチェーンのサイズは約 320 GB である[†3]。

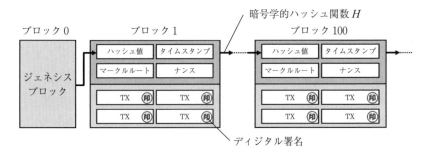

図 11.5 ビットコインのブロックチェーン

トランザクションが確定することはファイナリティと呼ばれる。51 % 攻撃など（12.1 節参照）の可能性がある限りファイナリティがなされることは永遠にないが，実質的なファイナリティに向けては二段階の処理を行う。一つ目は個人レベルで行うトランザクションデータの検証である。誰から誰へいくら送金するのかの内容を保証するものであり，これはトランザクション発行者のディ

---

†1　ナンス（nonce）とは number used once の略で，一度だけ使用される使い捨ての数を表す。

†2　ハッシュ値は SHA-256 で 2 回ハッシュされて導出される。

†3　https://www.blockchain.com/ja/charts

ジタル署名によって保証される。二つ目はネットワークレベルで行う送金行為の承認である。送金内容が確かになされたという行為を保証するものであり，これはブロックチェーンによって保証される。

　ここで，二重支払い攻撃について言及する。二重支払い攻撃とは，同じ暗号資産を二重に送金することを指している。例えば，ユーザ A が保有する 1 BTC をユーザ B にもユーザ C にも送金できたとき二重支払い攻撃が成功する。しかし暗号資産において，暗号技術だけでは二重支払い攻撃を防ぐことができない。なぜなら，通常のトランザクションも二重支払いのトランザクションもどちらも正当なものだからである。したがって，過去に発行されたすべてのトランザクションを認識することによって，あるトランザクションが二重支払いの試みなのか否かを判別することができる。

11.3.3　探索パズルと PoW

　ビットコインにおいて，ブロックが正当なものとしてブロックチェーンにつながるためには，マイナー（採掘者）が**探索パズル**を解く必要がある。マイナーは「あるブロックに対するハッシュ値が一定以下となるようなナンスを見つける」という探索パズルを解き，答えを反映して有効となったブロックをブロックチェーンに追加することで報酬として BTC を得ることができる。では，具体的にどう解くのか。ハッシュ値の先頭ビット列が一定数ゼロとなることでハッシュ値は特定の値以下となる。このとき，ブロック n のナンスを調整することで，ブロック $(n+1)$ のヘッダに格納されるブロック n のハッシュ値が変化する。ナンスは，上記の条件を満たすようにハッシュ値を調整するための値であり，これを変化させていけばいずれパズルが解ける。

　図 11.6 の探索パズルの例では，ナンスの値をナンス a，ナンス b，…と変化させていき，ナンス x のときのハッシュ値[†]（SHA-256 など 256 ビット出力のハッシュ関数 H を想定）がある一定以下の値となることで探索パズルが解け

[†]　実際は 2 回ハッシュした値になる。

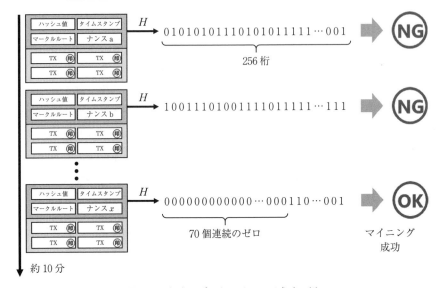

図 11.6 探索パズルとマイニング成功の例

たことがわかる。ここでは，先頭ビットが 70 個連続ゼロ[†]でマイニングが成功となる例としている。探索パズルが解ける時間は，条件となっている先頭ビット列のゼロの個数で調整可能であり，理論的に約 10 分になるように設定されている。ただし，世界中のコンピュータが報酬を得たいがために競争してこの探索パズルを解こうとしており，そのような世界最大級の計算機パワーによって約 10 分で解ける難易度であることに注意する。また，ナンス x が有効なハッシュ値を出力するか（有効なブロックであるかどうか）は誰でも高速に検証できる。単に 2 回のハッシュ演算を行えばよい。

PoW（Proof of Work）は，日本語では「演算（量）の証明」と訳される。一つのブロックを追加するには一つの探索パズルを解かなければならないが，この探索パズルを解く効率的な方法は存在せず，世界最大級の計算機パワーを用いても約 10 分の時間がかかるので，一つのブロックを生成する演算量は平均で 10 分となる。つまり，ブロックチェーンの長さがそのまま演算量の証明

---

† ここでのゼロの単位はバイトではなくビットである。

になっている。例えば，目の前に 600 ブロックのブロックチェーンがあれば，それは約 100 時間分の演算量が消費されたという証明になっている。ただし探索パズルを解く効率的な方法が存在すれば，これが演算量の証明にはならないことに注意する。

　探索パズルを解く効率的な方法が存在しないということは，ブロックチェーンの安全性にも関係する。そのような方法が存在しなければ，あるブロックチェーンを覆そうとする場合，攻撃者はそのブロックチェーンの長さに相当する演算量をかけなければならない。しかも，攻撃者が探索パズルを解いている間も正当なブロックチェーンはその長さを伸ばしていくため，攻撃者は正当なブロックチェーンには実質的に追いつけないということになる。

11.3.4　マイニング

　マイニング（mining）は，ビットコインにおいて二つの意味をもち，このことがビットコインを少しわかりにくくしている。一つは文字どおり BTC の採掘であり，もう一つはトランザクションの承認行為である。探索パズルを解くということがマイニングの手段となる。計算能力を有する者であれば誰でもマイニングに参加し，新たな BTC を採掘できる可能性がある。そして採掘された BTC は，報酬として一番早く探索パズルを解いたマイナーにブロックチェーンから自動的に支払われる（このとき**トランザクション手数料**も合わせて支払われる）。これがマイニングを行うインセンティブとなり，マイニングに競争原理が働くことによって，承認行為が強力に実行されるという仕組みである。お金儲けが目的でマイニングに参加しているユーザのノードも，トランザクションの承認行為を助けているということがマイニングの興味深い点である。善意のユーザも，自己利益のためのユーザも攻撃者でさえも，マイニングという同じ方向に向かわせるというインセンティブメカニズムをもった方式だといえる。中にはマイニング専用の工場を建設して，マイニングに特化したコンピュータを敷き詰めたマイニングファームを構築する業者もある。

11.3.5 フォークとコンセンサス

ビットコインのブロックチェーンは世界でただ1本である。ただし，各マイナーが独立して同時にマイニングを行っているため，当然異なるブロックが生成され，ブロックの分岐が発生する。これを**フォーク**と呼ぶ。例えば，ヨーロッパのマイナーとアジアのマイナーがほぼ同時に探索パズルを解き，有効なブロックがほぼ同時にブロードキャストされる場合などが考えられる。このとき，ヨーロッパ周辺のブロックチェーンとアジア周辺のブロックチェーンが一時的に異なるという事態が発生する。

こうした状況では，正当なブロックチェーンがどれであるのかについて世界中のノードが合意する必要がある。この合意のことを**コンセンサス**と呼ぶ。ただし，フォークが発生したとしても，最長のチェーンが有効なブロックチェーンであることがノード間で合意されているため，各ノードは最長のチェーンに対して構築を続けようと試みる。マイナーも，報酬のために無駄なことをしたがらず，より長いブロックチェーンにつながるブロックをマイニングしようとするため，結果としてブロックチェーンが1本に収束していく。なお，攻撃者が悪意をもってフォークを起こす51%攻撃などについては次章を参照されたい。

フォークにはハードフォークとソフトフォークがあり，ここではハードフォークについて説明する。ハードフォークとは永続的なフォークを指しており，ブロックチェーンを意図的に分岐させることによって，その仕様を強制的に変更するものである。ビットコインやイーサリアムでも過去にハードフォークが行われている。ビットコインでは，2017年8月にビットコインキャッシュがハードフォークによって生まれ，ブロック容量が8MB（ビットコインの8倍）になる仕様変更がなされた。またイーサリアムでは，2016年6月に起きたThe DAO事件をなかったことにするために，それ以前のブロックから2016年7月にハードフォークを強制実行した。ただし，元のイーサリアムブロックチェーンはイーサリアムクラシックとして現在も生き残っている。

11.3.6 ビットコインネットワーク

ビットコインネットワークはインターネットに接続され，中央サーバが存在しない P2P ネットワークである。各ノードが自由にネットワークに参加／離脱でき，それでもなおシステムが機能する。オンライン／オフラインを合わせた全世界の全ノード数は不明であるが，オンラインのノード数は執筆時点で約1万である[†]。また非同期であり，ネットワーク遅延やパケット消失がありながらも，システムは非常に堅牢である。ビットコインネットワークは，システム的な単一障害点がないだけでなく管理主体もいない，非中央集権的なネットワークであるといえる。ただし，新たなノードがビットコインネットワークに参加する場合，ノードの IP アドレスを管理している DNS シードと呼ばれる DNS サーバ群に頼る必要がある。このサーバ群は信頼されており，中央集権的な側面をもつことに注意する。

図 11.7 はビットコインネットワークの概念図であり，ウォレットをもつノードや SPV クライアント，マイニングサーバ，取引所サーバ等がインターネットに接続されている。各ノードはビットコインアドレスと IP アドレスの二つのアドレスをもつことに注意する。IP アドレスから身元が明らかになる

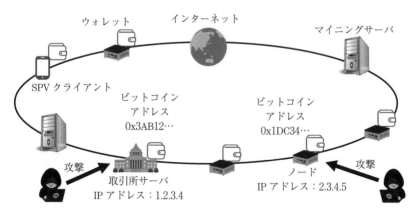

図 11.7 ビットコインネットワークの概念図

---

† https://bitnodes.earn.com/

可能性はあるが，これら二つのアドレスが相互に紐付いていないことから，ビットコインにおけるユーザの匿名性はある程度保証されている。ただし，ビットコインネットワークのポート番号が 8333/TCP であることから，ネットワークスキャン等によってどの IP アドレスのマシンでビットコインが動作しているかを調査できるため，つねにサイバー攻撃に晒されていることに注意が必要である。

　ビットコインネットワークは，「Peer Discovery」と「Connecting to Peers」の二つの動作により維持される。Peer Discovery はビットコインネットワークに接続する際に隣接するノード（ピア）を探索する動作であり，ウォレットアプリにハードコーディングされた DNS シードのドメイン一覧を参照する。Connecting to Peers はビットコインネットワークへの接続を維持する動作であり，Peer Discovery が成功した後に 8333/TCP ポートを使用してノード間で定期的に通信を行う。

11.3.7　トランザクションチェーン

　これまでブロックチェーンのチェーンを見てきたが，トランザクションもまた，チェーンでつながっていると考えることができる。例えば，「アドレス A からアドレス B に 2 BTC 送金」というトランザクション 1 が発行されたとする。このとき，アドレス B にその 2 BTC が存在する状態となる。つぎにアドレス B の 2 BTC を送金したい場合，「アドレス B からアドレス C に 2 BTC 送金」というトランザクション 2 を発行すればよい。つまり，トランザクションが発行されるたびに BTC がアドレスを移動していくと考えることができる。このように BTC の移動に伴ってトランザクションがチェーンのようにつながっていく。つまり，このチェーンを辿ることで送金の流れが把握できる。

　図 11.8 は，ビットコインのホワイトペーパー[1]に掲載されている**トランザクションチェーン**の仕組みを表した図である。図の中央部分にある所有者 1 から所有者 2 に BTC を送金するトランザクションに着目する。所有者 1 がトランザクションを発行する際，所有者 1 は「(A) 所有者 1 がその額を受け取った

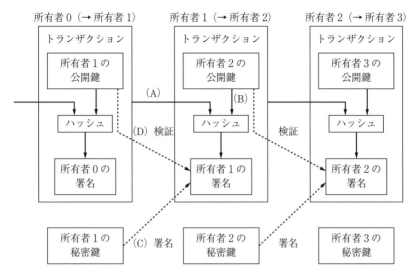

図11.8 ビットコインのトランザクションチェーン（文献[1]を参考に著者が作成）

以前のトランザクション」および「(B) 所有者2の公開鍵」の二つの値を合わせたもののハッシュ値を計算し，それに対して「(C) 所有者1の秘密鍵」を使ってディジタル署名（所有者1の署名）を施す。受取人である所有者2は，所有者1の公開鍵をすでに知っているため，「(D) 所有者1の公開鍵」を用いてディジタル署名（所有者1の署名）の正当性を検証することでこのトランザクションの正当性を確認できる。

　同様に，所有者2が所有者3へのBTCの送金を行うとき，所有者2は自身の秘密鍵を使って，以前のトランザクション（所有者1から受け取ったもの）と所有者3の公開鍵を合わせてハッシュしてからディジタル署名を施す。このようなトランザクションは，ネットワークに参加している者であれば誰でも公開鍵を使って検証できる。

11.3.8　ブロックチェーン生成までの流れ

　ここでは，ビットコインネットワークにおいて送金トランザクションが具体的にどのような手順でブロックチェーンの中に格納されていくのかを順を追っ

て説明していく。

　図 **11.9** は，送金トランザクションの発行の様子を示している。ビットコインネットワークには 5 台のノードが接続されており，それぞれがブロックチェーンとトランザクションプールを保持している。トランザクションプールは，ブロードキャストされてきた未承認トランザクションを一時的に格納する箱であり，トランザクションの重複を許すことなく格納する。ここに格納されたトランザクションは，マイニングの際にブロックに格納される候補となる。ユーザは自身が管理しているノード（ローカルノード）に対して RPC（Remote Procedure Call）経由でアクセスし，「bitcoin-cli」コマンドを実行して送金トランザクション（TX）を発行する。送金トランザクションにはユーザの秘密鍵でディジタル署名が施されている。

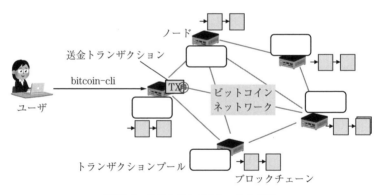

図 11.9　送金トランザクションの発行

　図 11.10 は，トランザクションのブロードキャストの様子を示している。ローカルノードは，発行されたトランザクションをブロードキャストする。トランザクションは，未承認トランザクションを保持するトランザクションプールに格納され，ビットコインネットワーク全体に伝搬していく。ただし，各ノードは自身のトランザクションプールにすでに格納済み（ブロードキャスト済み）のものをつぎにブロードキャストすることはせず，新しいトランザクションのみをブロードキャストする。その後，ユーザはローカルノードからト

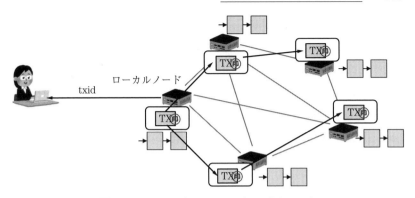

図11.10 トランザクションのブロードキャスト

ランザクションのトランザクション ID (txid, トランザクションハッシュとも呼ばれる) を得る。

図 11.11 は,マイナーによるトランザクションの受け入れの様子を示している。マイナーは,トランザクションプールに届いたトランザクションを順次検証してからマイニングを実行する。このとき,トランザクションプールにあったトランザクションをいくつかまとめてブロックの中に格納することになる。この例では,ローカルノード以外がマイナーとなってマイニングをしている(探索パズルを解いている)。

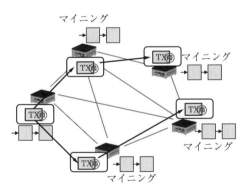

図11.11 マイナーによるトランザクションの受け入れ

ただし,マイニングの際にブロックに格納するトランザクションはそれぞれのプールの中から選ばれるため,ノードによってブロックに格納されるトラン

ザクションが異なることに注意する。さらに，トランザクションを送信する際には手数料を設定する必要があり，そのトランザクション手数料がマイナーに支払われるため，マイナーによってはトランザクション手数料の高いものから優先的にブロックに格納する。すなわち，マイニングの優先度を上げたければトランザクション手数料を上げればよい。

　図 11.12 は，マイナーによるブロックのブロードキャストの様子を示している。マイニングに成功したノードはその有効となったブロックを自身のブロックチェーンに追加し，そのブロックをほかのノードにブロードキャストする。各ノードは受信した新しいブロックのトランザクションやナンスなどをチェックして，有効なブロックであることを確認した後，自身のブロックチェーンに追加する。有効な新しいブロックがマイナー自身に届いたということはそのマイナーがマイニング競争に負けたことを意味するので，この場合マイナーは現在のマイニングをすぐに停止し，つぎのブロックのマイニングを開始することになる。

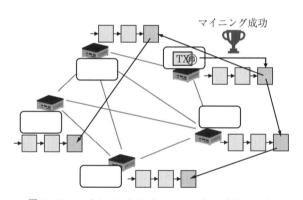

図 11.12 マイナーによるブロックのブロードキャスト

　ビットコインの送金についてもう少し詳しく見ていく。ビットコインのトランザクションはインプット（input）とアウトプット（output）から構成されている。また，**UTXO**（Unspent Transaction Output）とは，未使用トランザクションのアウトプットのことを指し，あるノードが受け取った未使用のトランザク

ションのことである。

　図 11.13 は，ユーザ A からユーザ B に 30 BTC を送金する際の UTXO の具
体例を示している。ただし，ここではトランザクション手数料は考えないもの
とする。ユーザ A は BTC が入っている二つのアドレス X1（90 BTC）と X2
（40 BTC）をもち，ユーザ B はビットコインが入っていないアドレス Y1（0 BTC）
をもっているものとする。ここで，ユーザ A は「X2 から Y1 に 30 BTC を送金
する」というトランザクションを発行することを考える。ビットコインの場
合，アドレスは基本的には使い捨てになるため，アドレス X2 の 40 BTC はす
べて使い切ることになる。そのため，X2 の 40 BTC すべてをインプットに入
れて，Y1 の 30 BTC と X3（おつり用に新たに生成したアドレス）の 10 BTC
がアウトプットに入れられる。

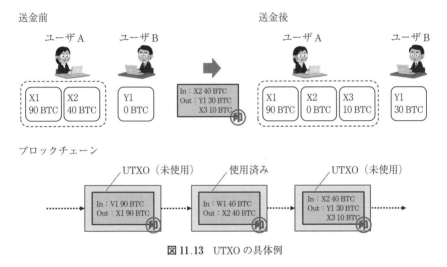

図 11.13　UTXO の具体例

　この送金に関するブロックチェーン内のトランザクションを見てみると（こ
こでは 1 ブロックに 1 トランザクションのみが入っている例である），アドレ
ス X1 の 90 BTC は過去にアドレス V1 から送金されていたことがわかり，この
トランザクションアウトプットが未使用（UTXO）である。一方，アドレス
X2 の 40 BTC は過去にアドレス W1 から送金されていたことがわかり，今回こ

れを使用してアドレス Y1 と X3 に送金したので，このトランザクションアウトプットは使用済みとなる。したがって，未使用トランザクションアウトプットとは，まだ使用されていない（これから使用できる）トランザクションのことであり，口座とは異なる概念である。アドレスは基本的に使い捨てなので，トランザクションは使用済みか未使用のどちらかしかない。

 ## 11.4 イーサリアム

2013 年 11 月，Vitalik Buterin 氏（当時 21 歳）が**イーサリアム**（Ethereum）の構想を提案し[2]，その後開発が進められ，2015 年 7 月にフロンティアとしてインターネットに公開された。イーサリアムはパブリックブロックチェーンをベースとした分散コンピューティング環境を提供するプラットフォームであり，スマートコントラクト（第三者を介さない契約の自動執行）によるアプリ構築を可能とする。ビットコインは暗号資産の所有権の移転に特化した分散システムであると考えられるのに対して，イーサリアムは利用者が独自に構築した分散システムであると考えられる。

イーサリアムは暗号資産 **ETH**[†]（イーサ，ether）を扱うだけでなく，非金融データも扱うことができる。ETH のおもな用途にはつぎの二つがある。

・イーサリアム上に構築されたアプリで使用する資産として利用される。これは，ビットコインと同様に暗号資産の送金がメインになる。

・分散アプリケーションを動かすためのコストの支払いに利用される。スマートコントラクトをブロックチェーンに配置したり，スマートコントラクトを動作させたりするのにコストがかかる。

イーサリアムでは「Mainnet」と呼ばれるパブリックブロックチェーンが稼働しており，そのブロックチェーン上で ETH が取引される。ビットコインとイーサリアムは暗号資産という観点で類似点が多いため，以降はビットコイン

[†] ETH はイーサリアムの資産単位である。本書では，イーサリアムの資産自体を指すときも ETH を使用する。

との違いを中心に述べていく。

11.4.1　非金融データの取り扱い

　ブロックチェーンは，暗号資産だけでなく価値の取引や記録のためにも使える。例えば，「存在証明」はそのようなユースケースの一つである。これは，ある文書が特定の時点で存在していたことをあとから誰でも検証できるように，その文書のハッシュ値をブロックチェーンに格納するものである。

　イーサリアムでは，お金だけでなく，株，土地，ディジタルコンテンツなど，何らかの本質的価値をもつ多くのものの取引を容易にする。じつは，ビットコインにおいても OP_RETURN というオペコードによって非金融データの格納（80バイト）が公式に認められているが，イーサリアムではより大きなサイズのデータ領域が用意されている。その領域にはスマートコントラクトだけでなく，さまざまなデータを自由に格納できる。またイーサリアムでは，すべてのユーザが自由にスマートコントラクトを作成してブロックの中に格納できることから，異なるアプリケーションを一つのイーサリアム上で実行できるという特徴をもつ。つまり，イーサリアムはさまざまなアプリケーションが実行できるプラットフォームである。

11.4.2　アカウントとトランザクション

　イーサリアムは，おもなエンティティとしてノード（Geth[†]などが起動）とコントラクトの2種類が存在する。アカウントもそれぞれに合わせて2種類存在し，ノードに対応する **EOA**（Externally Owned Account）とコントラクトに対応する**コントラクトアカウント**（contract account）がある。**図 11.14** は，EOA からコントラクトアカウントに対してトランザクションを用いた処理の依頼の概念を示しており，それぞれがアドレス X と Y をもっている。

---

†　イーサリアムが提供するクライアントソフトである。Go Ethereum の略。

図 11.14 イーサリアムにおける 2 種類のアカウントでの処理の依頼

　EOA はノードに紐付く一般的なアカウントの概念と同様であり，公開鍵／秘密鍵によって管理される，トランザクションを発行する起点となるアカウントである。ビットコインにおけるアドレスは EOA に近いものである。

　コントラクトアカウントはコントラクトに紐付くアカウントであり，コントラクトがブロックチェーン上のどこに配置されているかを示すアドレスをもつ。また，EOA やほかのコントラクトアカウントから送られてきたトランザクションやユーザからの**コール**を受けてコントラクトが実行される。ここで，コントラクトが秘密鍵をもてないことから，コントラクトが自身でトランザクションを発行できないことに注意する。コントラクトを管理する EOA は必ず存在する。

　図 11.15 は，イーサリアムにおけるトランザクションまたはコールによる処理の全体像を示したものである。具体的には，トランザクションによる 3 種類の処理とコールによる 1 種類の処理が記載されている。ビットコインの場合は送金の処理に特化しているが，イーサリアムの場合は送金に加えてコントラクトに関する処理が可能となる。ここで，図を用いて 4 種類の処理について説明する。

① **ETH の送金**：　ある EOA から別の EOA への ETH の送金を指す。図では，ユーザ A がアドレス X からアドレス Y への ETH を送金している。これはビットコインと同様にトランザクションを利用する。このとき，「ガス」と呼ばれる手数料を ETH で支払う必要がある。これについては後述する。

② **コントラクトの配置**：　ユーザがコントラクトを作成し，それをブロックチェーン上に配置することを指す。図では，ユーザ A がアドレス X か

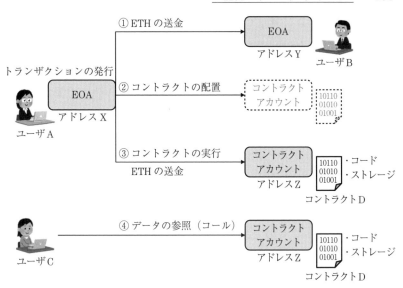

図 11.15 トランザクションまたはコールによる処理

らブロックチェーン上にコントラクトを配置するところである。これに
トランザクションを利用するため，マイナーによってコントラクトDの
配置が実施される。ただし，まだコントラクトのアドレスが存在してい
ないことに注意する。また，ETHの送金と同様に「ガス」と呼ばれる手
数料をETHで支払う必要がある。

③ **コントラクトの実行**：　ユーザがコントラクトを実行することを指す。
図では，ユーザAがアドレスZをもつコントラクトDに対して実行して
いる。これにトランザクションを利用するため，マイナーによってコン
トラクトが実行される。コントラクトの実行もやはり「ガス」と呼ばれ
る手数料をETHで支払う必要がある。また，コントラクトがアドレスを
もつことから，コントラクトに対してもETHの送金が可能である。さら
に，コントラクトの中で送金条件を記載することにより，ある条件を満
たすと自動的にETHを送金するといったことも可能である。

④ **データの参照（コール）**：　ユーザがブロックチェーン内のデータを参照
することを指す。図では，EOAをもたないユーザCがアドレスZをもつ

コントラクト D に対してデータの参照をしている。データの参照はトランザクションを利用せずに実施するため，マイナーが実行するわけではないことに注意する。指定したノードと接続してデータを取得することになるため，「ガス」と呼ばれる手数料は発生しない。ブロックチェーン内のデータは基本公開されているものなので，参照が無料であるからだと考えることができる。

11.4.3　スマートコントラクト

スマートコントラクトとは，プログラムできる（定義できる）契約であり，契約が自動執行されるものである。**図 11.16** はスマートコントラクトを用いた自動決済システムの例を示している。ユーザ A は自動決済システムを利用してユーザ B から商品 C を購入したいと思っている。まず，① ユーザ A は商品 C を選択して代金を自動決済システムに送金する。② スマートコントラクトが代金を確認すると，決済が自動的に完了する（契約が執行される）。③ この決済内容は誰でも確認できる。ユーザ B は決済内容を確認した後，④ 商品 C をユーザ A に配送する。

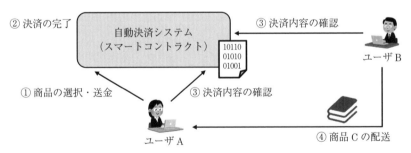

図 11.16　スマートコントラクトを用いた自動決済システムの例

　スマートコントラクトを用いることによって，第三者による不正操作の余地を与えることなく，合意されているプログラムに従ってシステムが実行されることが中央集権型システムと大きく異なる点である。ただし，スマートコントラクトを用いなくても管理機関が存在することによって，このような自動決済

システムが実現できる。もし管理機関を信頼できるのであれば，スマートコントラクトを使用する意味は小さいかもしれない。

イーサリアムのスマートコントラクトでは，ブロックチェーンと組み合わせることで，ブロックチェーンに記載されている情報を参照して仲介者なしに契約を執行できる。例えば，図のような自動決済システムもイーサリアムで仲介業者なしで実現可能である。トランザクションを用いることによって，誰でもイーサリアムブロックチェーン上にコントラクトを配置できる。また，コントラクト内でアクセス制御が可能であり，許可された者であれば誰でもそのコントラクトを実行できる。ただし，トランザクション起点でしか動作しない（デーモンのように動作しない）ことに注意が必要である。すべてのコントラクトには親となる EOA が存在する。また，コントラクトの実行はマイナーの**EVM**（Ethereum Virtual Machine）上で行われる。つまり，イーサリアムでは複数のマイナーが同じプログラムを多重に実行することになる。

ビットコインとは異なり，イーサリアムはチューリング完全な言語をサポートしているので，スマートコントラクトはプログラミング的な観点でいえば，コンピュータ上でできることは何でも実行できることになる。**図 11.17** は，ブ

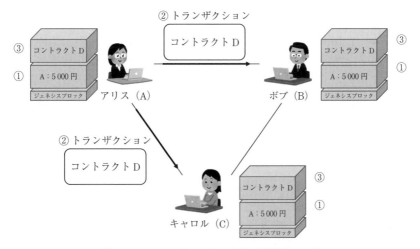

図 11.17 スマートコントラクトの配置イメージ

ロックチェーンにおけるスマートコントラクトの配置イメージである。図11.1
と比較して見るとわかりやすい。アリス(A)，ボブ(B)，キャロル(C)の3人が
イーサリアムネットワークに参加しており，アリスがコントラクトDをブロッ
クチェーン上に配置したいとする。①Aが5 000円をもっていることがすでに
合意されており，②AがコントラクトDの配置を依頼するトランザクション
をブロードキャストし，イーサリアムネットワークにおいてマイニング競争に
勝利したマイナーがコントラクトDをブロックチェーンに格納する。それか
ら，③各参加者がコントラクトの配置を更新する。図11.17から，参加者全
員でコントラクトDを分散管理している様子がうかがえ，誰もがブロック
チェーンからコントラクトDの内容を確認できる。また，コントラクトと暗
号資産が同じブロックチェーンを使用していることもわかる。

　つぎに，スマートコントラクトの配置および実行の流れについて説明する。

〔1〕　**スマートコントラクトの配置**　　図11.18は，スマートコントラクトの
配置例である。まず①ユーザAはSolidityなどのプログラミング言語を用いて
コントラクトを作成し，コンパイルしてバイトコードを生成する。つぎに，②
ユーザAはトランザクションの中にバイトコードを格納して，③そのトランザ
クションをイーサリアムネットワークにブロードキャストする。このとき「ガ
ス」と呼ばれる手数料が必要である。④マイニングを行っているマイナーMが
勝者になった場合，マイナーMはバイトコードをブロックの中に格納し，その
ブロックをブロードキャストする。コントラクトがブロックチェーンに格納さ
れた後，アドレスが付与される。図の例では，0xabc…というアドレスが付与さ
れている。

〔2〕　**スマートコントラクトの実行**　　図11.19は，スマートコントラクト
の実行の様子を示している。ユーザBがコントラクトを実行するには，コント
ラクトのアドレスとコントラクトに関する情報を知る必要がある。コントラク
トに関する情報は**ABI**（Application Binary Interface）と呼ばれる。①ユーザB
は自身のEOAからコントラクトのアドレス宛に，実行する関数や引数などの情
報をデータ部に格納したトランザクションを作成する。このとき「ガス」と呼

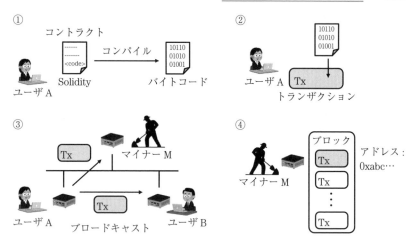

図 11.18 スマートコントラクトの配置例

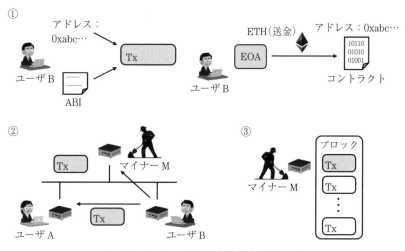

図 11.19 スマートコントラクトの実行例

ばれる手数料をセットする。また，必要に応じてコントラクトに対する ETH の送金をトランザクションに記載する。② トランザクションを作成したユーザ B は，これをイーサリアムネットワークにブロードキャストする。マイナーは EVM 上でトランザクションに含まれる情報に基づいて指定のコントラクトを適切に実行し，③ マイナー M が勝者になった場合，マイナー M がトランザクションの情

報や実行結果をブロックの中に格納し，そのブロックをブロードキャストする。

11.4.4 イーサリアムのブロックチェーン

イーサリアムブロックチェーンのデータ構造は，ビットコインによく似ている。ただし，堅牢性を高め，状態を適切に保持するために，ヘッダ部にはより多くの情報が含まれている。ビットコインでは，ブロックにあるすべてのトランザクションに関して，ブロックヘッダにマークルルートが一つあるだけであったが，イーサリアムでは，トランザクションルートのほかにステートルートおよびレシートルートがあり，合計で三つのルートが存在する。

11.4.5 イーサリアムの手数料

ビットコインの場合はトランザクション手数料として BTC の送金手数料がかかるだけだったが，イーサリアムのトランザクション手数料としては ETH の送金手数料に加えて，スマートコントラクトの実行量に応じた手数料もかかる。イーサリアムにおけるトランザクション手数料の基本単位として「ガス」がある。マイナーに支払われるこのトランザクション手数料は，マイナーの所有するサーバリソース（CUP，メモリ，ストレージ）の使用量に比例して消費される。ETH のレートは時間とともに変動するものであるため，これを用いて手数料を決めるのは難しい。そこで，ガスという新たな単位を導入し，ユーザがガスと ETH のレートを自由に決めて調整できるようにした。

gasUsed（ガスの消費量）とは，実行されたすべての命令が消費したガスの合計値を表す。各命令が消費するガスの量はルールに基づいて決められている。例えば，ADD 命令が実行されると 3 ガスが消費されるといったものである。また，**gasPrice**（ガス価格）とは，1 ガスの ETH の値段を表す。つまり，ガスから ETH に変換するレートのことである。gasPrice は標準価格が決まっているが，トランザクション発行時に自分で決めることもできる。また，マイナーは手数料の高いトランザクションから優先的にブロックに格納するため，マイナーによる処理の優先度を上げたければ単価を上げればよい。

11.4.6 **PoW** と **PoS**

PoW の課題として，高価なコンピュータの浪費や電力の大量消費が指摘されている。PoW で消費される電力はチリ一国分に匹敵するとまでいわれており，この問題を解決するうえで注目されているものに **PoS**（Proof of Stake）がある。これは，マイナーの資産保有量や保有期間に応じて採掘の難易度を調整するものであり，イーサリアム 2.0 において採用予定のものである。PoS では，膨大な計算量を必要とする探索パズルが不要となるため，電力の大量消費が抑えられる。なお，PoS においてマイニングに参加するためには，マイナーは ETH を預託する必要がある。そのほかにも，マイニングには懲罰の仕組みがあり，もしマイナーが不正を働いた場合はこの預託金が没収されるため，マイナーの不正を抑えるインセンティブが働いている。

 ## 11.5 実験 G：イーサリアムブロックチェーンへのアクセス

イーサリアムは JSON RPC API を提供しており，メインネットとテストネットが存在するが，どちらも JSON RPC のポートはデフォルトで 8545／TCP である。つまり，攻撃者がネットワークスキャンによってイーサリアムノードを見つけた場合，そのノードがメインネットのものなのかテストネットのものなのかはポート番号だけからは区別がつかない。

実験 G では，攻撃者の立場に立って，ターゲットノードがメインネットのものかテストネットのものかをブロック高を用いて判別する実験を行う（メインネットとテストネットでブロック高が異なるため）。ここでは，イーサリアムブロックチェーンのメインネットとテストネットのそれぞれのノードにアクセスする簡単な Python プログラムを実装して実行することで，ターゲットノードの調査を体験する。ただし簡単のため，自身で Geth ノードを立ち上げることはせず，Geth ノードをホスティングしている Infura サービスを利用して外部の Geth ノード（Infura のサーバ上で動作）に JSON RPC で接続する。

［具体的な実験手順］

1. Infura に登録してアクセスキー（Geth ノードの URL の一部）を得る。
2. 下記のコード例にある Python プログラムを実行して，メインネットとテストネット（Ropsten）のそれぞれのブロック高（web3.eth.blockNumber）を取得する。
3. ブロック高の違いからメインネットかテストネットかを判断する。

［実験結果について］

イーサリアムのメインネットとテストネットのそれぞれのブロック高を取得して表示する。これらの値から，現在接続しているイーサリアムブロックチェーンがメインネットなのかテストネットなのかを判別できる。

［コード例］

```python
from web3 import Web3,HTTPProvider

def main():
  # mainnet の最新ブロック番号の取得
  web3 = Web3(HTTPProvider('https://mainnet.infura.io/v3/(アク
  セスキー)'))
  blockNumber = web3.eth.blockNumber
  print(blockNumber)

  # testnet の最新ブロック番号の取得
  web3 = Web3(HTTPProvider('https://ropsten.infura.io/v3/(アク
  セスキー)'))
  blockNumber = web3.eth.blockNumber
  print(blockNumber)

if __name__=='__main__':
  main()
```

引用・参考文献

1) Nakamoto, S.: Bitcoin: A peer-to-peer electronic cash system（2008），
   https://bitcoin.org/bitcoin.pdf
2) Buterin, V.: Ethereum white paper: a next generation smart contract and decentralized application platform（2013）

12章
ブロックチェーンの セキュリティ

　ブロックチェーンのセキュリティには，ブロックチェーンに特化したものとそうでないものがある。ブロックチェーンに特化していないものは，従来のセキュリティの範囲で議論できるため，既存の対策が適用できる可能性がある。本章では，おもにブロックチェーンに特化したセキュリティについて述べる。

 ## 12.1　51%　攻　撃

　ブロックチェーンに関するセキュリティの話題として，まず考えられるのが**51%攻撃**である。51%攻撃とは，攻撃者（悪意あるマイナーやマイナーグループ）が全ハッシュレート（マイニングパワー）の半分よりも多くを支配して利益を得ようとする攻撃である。

　この51%攻撃を理解するためには，まずは**ハッシュレート**について知る必要がある。ハッシュレートとは，1秒間に何回ハッシュ計算を試すことができるかの見積値であり，暗号資産におけるマイニングパワーの単位と捉えられる。PoWをベースとする暗号資産では，マイニングにおける探索パズルを解くためにハッシュ演算を何回も繰り返す。このハッシュレートを見ることによって，世界中のコンピュータがマイニングにどれくらいの計算量をつぎ込んでいるのかを確認でき，このハッシュレートが高いほど51%攻撃をされにくくなると考えることができる。つまり，ハッシュレートはPoWベースの暗号資産の安全性を測る際の目安になる。

　もし攻撃者が51%のハッシュレートを支配すると，さまざまな攻撃が実行

可能である。例えば，Block Withholding 攻撃や二重支払い攻撃ができるよう
になる。さらに，不正な取引を強引にブロックに格納し，正しい取引として承
認させる攻撃が可能である。また，マイナーはマイニングの際にブロックに格
納するトランザクションを選択できるため，攻撃者がマイナーとなって特定の
トランザクションを拒否するなどの DoS 攻撃が可能となる。もちろん，攻撃
者による採掘の成功確率も上がるため，採掘の独占も可能となる。

 ## 12.2 Block Withholding 攻撃

Block Withholding 攻撃とは，正当なブロックチェーンとは独立に，攻撃者
が別のブロックチェーンを生成して隠しもっておく攻撃である。**図 12.1** に
Block Withholding 攻撃の仕組みを示している。ブロックチェーンにおいては，
一番長いブロックチェーンが正当なものであることが参加者間で合意されてい
る。そのため，攻撃者が正当なブロックチェーンよりも長いブロックチェーン
を隠しもっていて，あるタイミングでそれをインターネットに公開すると，攻
撃者のブロックチェーンが一番長いブロックチェーンとなってしまう。その結
果，世界中のノードは攻撃者のブロックチェーンを正当なものとして判断し，
このブロックチェーンを伸ばそうとする。

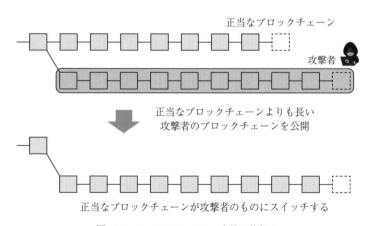

図 12.1 Block Withholding 攻撃の仕組み

　ここで重要なことは，攻撃者のブロックチェーンが正当なブロックチェーンよりも長くならなければならないということである。そこで攻撃者が全体の51%のハッシュレートを独占すると，49%のハッシュレートで生成する正当なブロックチェーンよりも51%のハッシュレートで生成する攻撃者のブロックチェーンの方がより速く伸びていくことになる。よって，攻撃者がより長いブロックチェーンを作ることができるようになるため，この Block Withholding 攻撃が有効となる。この攻撃がなされると，置き換えられてしまった正当なブロックチェーンに格納されていたトランザクションがキャンセルされ，正当なユーザに多大な迷惑がかかる。

 ## 12.3　二重支払い攻撃

　12.2 節の Block Withholding 攻撃を利用すると，**二重支払い攻撃**が可能となる。二重支払い攻撃とは，同じ暗号資産を二重に送金することを指している。このような二重支払い攻撃は，ビットコインゴールドやモナコインで実際に行われた攻撃である。**図 12.2** は，Block Withholding 攻撃を利用したビットコイ

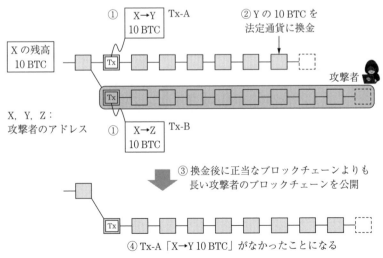

図 12.2　Block Withholding 攻撃を利用した二重支払い攻撃の例

ンにおける二重支払い攻撃の例を示している。

　まず攻撃者は三つのアドレス X, Y, Z を用意する。いま，アドレス X に 10 BTC あるとする。攻撃者は，① 正当なブロックチェーンの中に「アドレス X からアドレス Y へ 10 BTC 送金」というトランザクション A（Tx-A）を格納すると同時に，攻撃者のブロックチェーンの中に「アドレス X からアドレス Z へ 10 BTC 送金」という別のトランザクション B（Tx-B）を格納する。もちろん，攻撃者は自身のブロックチェーンを隠しもっておく。それから，② 攻撃者はアドレス Y の 10 BTC を法定通貨に換金する。このとき，ユーザが特定されないようにセキュリティレベルの低い海外の取引所等で換金する。この時点で，攻撃者がもっていたアドレス Y の 10 BTC は取引所に渡り，取引所の法定通貨が攻撃者に渡ることになる。③ 換金後に，攻撃者は Block Withholding 攻撃を実行することで正当なブロックチェーンよりも長くなっている自身のブロックチェーンをインターネットに公開する。その結果，攻撃者のブロックチェーンが正当なものとなり，④ Tx-A の「アドレス X からアドレス Y へ 10 BTC 送金」がなかったことになる。つまり，取引所がアドレス Y から受け取った 10 BTC が消え，取引所は損をすることになる。一方，換金された攻撃者の 10 BTC 分の法定通貨はなかったことにならないため，最終的に攻撃者が 10 BTC 相当の法定通貨とアドレス Z の 10 BTC の合計約 20 BTC を得ることになり，X に存在していた 10 BTC の二重支払いが成功する。

 ## 12.4　Selfish マイニング攻撃

　Selfish マイニング攻撃とは，攻撃者のハッシュレートが全体の 50% 未満であっても利益を得られる攻撃であり，51% 攻撃よりも効率的な攻撃として知られている[1]。具体的には，全体の 1/4 以上のハッシュレートをもつと平均的に利益を得ることができ，全体の 1/3 以上のハッシュレートをもつと最悪のケースでも一定の利益を得られることが示されている。これは，マイナーがプロトコルを逸脱することによって利益を最大化できることを意味しており，同時に

ビットコインなどの PoW をベースとするブロックチェーンが誘因両立性[†]を満たさないということを示している。

図 12.3 は Selfish マイニング攻撃の戦略を示したものである。12.2 節の Block Withholding 攻撃と同様に，攻撃者はブロックチェーンを隠しもつが，ずっと保持して一気に放出するという単純な戦略ではなく，正当なブロックチェーンのブロック長と比較することによって，適応的にブロックを公開する戦略をとる。具体的にはつぎの三つが行われる。① 攻撃者のブロックチェーンと正当なブロックチェーンとの差が 1 から 0 となった場合，隠しもっていたブロックを一つ直ちに公開する。その後，自身が公開したブロックが伸びていくかどうかの賭けを行いつつ，秘密裏に実施していたマイニングを継続する。② 攻撃者のブロックチェーンと正当なブロックチェーンとの差が 2 から 1 となった場合は，隠しもっていたブロックを二つ直ちに公開する。そうすることで攻撃者のブロックが高い確率で正当なブロックとスイッチする。さらに，そ

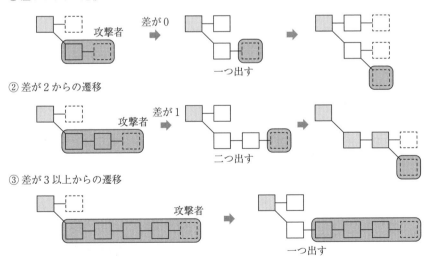

① 差が 1 からの遷移

② 差が 2 からの遷移

③ 差が 3 以上からの遷移

図 12.3 Selfish マイニング攻撃の具体的な戦略

[†] プロトコルに従う行動が利得を最大化する性質を指す。

の後も秘密裏に実施していたマイニングを継続する。そして③攻撃者のブロックチェーンと正当なブロックチェーンとの差が3以上の場合は，正当なブロックチェーンと同じ長さになるように隠しもっていたブロックを小出しに公開しつつ，秘密裏に攻撃者のブロックチェーンを伸ばしていく。以上のような戦略をとることによって，攻撃者のハッシュレートが全体の50%未満でも利益が得られるようになる。

 ## 12.5 その他のセキュリティ

ここでは，ブロックチェーンや暗号資産におけるその他のセキュリティについて説明する。

12.5.1 秘密鍵の奪取

暗号資産を送金する（トランザクションを発行する）際，ディジタル署名を施すために秘密鍵が必要であった。また，秘密鍵はウォレットに紐付いている。つまり，秘密鍵をもっている者のみがウォレット内の暗号資産の送金をすることが可能になる。例えば，あるウォレットのアドレス X に 100 BTC があるとすると，攻撃者がアドレス X に紐付く秘密鍵を奪取することによって，この 100 BTC を攻撃者自身のアドレスに不正送金できるようになる。また，暗号資産を窃取したいと思う攻撃者は，残高が多いウォレットの秘密鍵を奪取したいと考える。

暗号資産の場合，秘密鍵が奪取されると，システムをオフラインにしても意味がない。例えば，オンラインバンキングでパスワードが盗まれた場合，自分の口座をロックするなどの対処ができるが，暗号資産の場合はそのようなことは原理的に不可能である。あるアドレスに対応する秘密鍵が奪取されると，攻撃者より早くそのアドレスにある暗号資産を移動しない限り，不正送金は免れない。さらに，たとえコールドウォレットであっても，秘密鍵が奪取されればその暗号資産は窃取される。コールドウォレットのメリットは，ホットウォ

レットと比べて秘密鍵の使用頻度が低くなることで秘密鍵の漏えいリスクが下がる，といった程度であることを肝に銘じておく必要がある。

12.5.2 暗号資産の盗難とマネーロンダリング

2018 年 1 月 26 日，コインチェック社のウォレットから日本円にして約 580億円（当時）もの暗号資産 NEM（資産単位は XEM）が不正に窃取された。**図12.4** は，窃取された XEM の流出履歴をブロックチェーンエクスプローラー[†]で表示したものであり，誰もが確認できるブロックチェーンの送金履歴である。送金履歴は時系列で下から上に向かって表示されている。タイムスタンプを確認すると，2018 年 1 月 26 日 00:02:13 から不正送金が開始されており，コインチェック社のアドレス「NC3B…」から犯人と思われるアドレス「NC4C…」に 8 回にわたって不正送金されていることがわかる。そのため，アドレス「NC3B…」に対応するコインチェック社の秘密鍵が奪取されたと考えられている。また，約 580 億円の XEM が一つのウォレットで保管されていたということも読みとれる。いったん，犯人側のアドレス「NC4C…」に送金されてしま

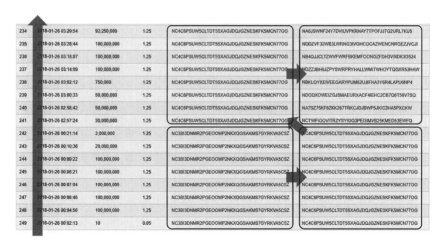

図 12.4　窃取された XEM の流出履歴（フィルタリング済み）

---

†　https://explorer.nemtool.com

えば，この約580億円のXEMの送金権限が犯人に移ってしまうため，コインチェック社は手も足も出せないことになる。盗まれたXEMはその後，アドレス「NC4C…」から別々のアドレスに移され，拡散されていった。

　窃取された約580億円のXEMは，一つのアドレス「NC4C…」に置いたままでも犯人にとって安全である。なぜなら，この暗号資産を奪い返すには犯人のみが知っている秘密鍵が必要だからである。しかし，犯人は奪取した約580億円のXEMを複数のアドレスに分散させた。著者らの調査によると，窃取されたXEMが数万以上のアドレスに分散されたことが明らかになっている[2]。犯人がこれだけ膨大な数のアドレスに分散させた意図はマネーロンダリングであると考えられる。ブロックチェーンにすべての送金履歴が残るとはいえ，数万以上のアドレスに分散してしまえば，実質的な追跡・把握は困難になる。結果的に窃取されたすべてのXEMはビットコインなどのほかの資産に換金されてしまったといわれている。一度換金されてしまえば，NEMのブロックチェーンの外の話になり，ブロックチェーンによる追跡はもはやできなくなってしまう。

12.5.3　トランザクションの付け替え攻撃

　ブロックチェーンは基本的に機密性を満たしておらず，誰でも内容を確認でき，透明性が確保されている。そして，トランザクションの内容も同様に透明性が確保されている。例えば認証に関するデータは機密性が不要であるため，そのままトランザクションに入れて送信することもあり得る。しかし，そのような非金融データを扱う場合，**トランザクションの付け替え攻撃**が問題となる場合がある。

　図12.5はトランザクションの付け替え攻撃の流れを示している。ここで，クライアントAがdata-AをトランザクションTx-Aに格納してブロックチェーンネットワークにブロードキャストすることを考える。このとき，攻撃者Eはブロックチェーンに参加しているため，当然Tx-Aを受信して中身を見ることができる。攻撃者EはTx-Aを受信するとすぐにトランザクション内のdata-A

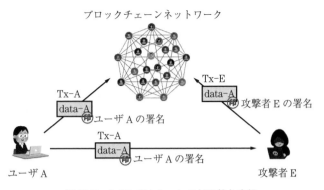

図 12.5 トランザクションの付け替え攻撃

を取り出して，自身の秘密鍵でディジタル署名を施して別のトランザクション Tx-E としてブロックチェーンネットワークにブロードキャストする。このとき，ブロックチェーンネットワークには Tx-A と Tx-E が混在することになる。Tx-E は Tx-A と比べて発行時刻が遅れるが，ガス価格を Tx-A より高くしたり，地理的配置やエクリプス攻撃[†]などほかの要因があったりして，Tx-E の方が最初に承認される可能性がある。もしスマートコントラクトが最初の認証データのみを受けつける仕様になっていた場合，ユーザ A ではなく攻撃者 E が認証されてしまうことがあり得る。そのため，例えばトランザクションを使ったチャレンジレスポンス方式の認証がうまくいかない可能性があるということは肝に銘じておく必要がある。

なお，トランザクション付け替え攻撃は暗号資産の送金には適用できない。なぜなら，暗号資産が存在する送金元アドレスにディジタル署名の秘密鍵が紐付いているためである。

12.5.4 取引のプライバシー

暗号資産はユーザの匿名性（正確には仮名性）が満たされているシステムであるといわれている。そのため，暗号資産の送金履歴がブロックチェーンに格

[†] ターゲットノードをネットワーク的に孤立させることで，さまざまな不正を実行する攻撃である。

納され公開されていたとしても，取引の額や内容と個人を紐付けるのが難しい。しばしば，暗号資産は匿名性を満たさないのではないかという議論があるが，不正送金した犯人をほとんど特定できていないこれまでの歴史を見れば，暗号資産の匿名性の強さが示されているともいえる。

暗号資産のトレーサビリティに関する研究が盛んに行われている。例えば，ビットコインは UTXO ベースであるため匿名性を強化しているといわれているが，アドレスとトランザクションからトランザクショングラフを構築して，そこからユーザネットワークを作成することで，特定のユーザの送金の流れを追うことが可能である[3]。また，トランザクショングラフから，怪しいトランザクションの流れが数多く報告されている[4]。ただし，これらができたからといってユーザや攻撃者を特定できるとは限らない。

 ## 12.6　なぜ暗号資産に PKI が不要なのか

一般にシステムやサービス等で公開鍵暗号やディジタル署名を利用する際，公開鍵認証基盤（PKI）が必要になることが多い（5.6節参照）。つまり，通信相手の公開鍵が正しいものかどうかを認証局（CA）が保証してくれる仕組みが必要である。例えば，オンラインバンキングのサイトにアクセスする際，そのサイトの公開鍵が本当にオンラインバンキングのものなのかを知ることが重要である。このとき，CA はサーバ証明書を用いてオンラインバンキングと公開鍵の対応を保証する。

一方，暗号資産は公開鍵暗号技術を利用しているが，PKI が使われていない。その理由として，暗号資産では公開鍵が誰のものであるのかは重要でなく，公開鍵に紐付くアドレスに十分な残高があるかが重要であることが挙げられる。極端な話，残高さえあれば攻撃者のアドレスであっても問題ない。つまり，お金がそのまま参加者の信用になっているのである。さらに，送金履歴が耐改ざん性を満たすため，あるアドレスに対して残高（お金）があるということがそのままアドレスの信頼につながる。したがって，一般のディジタル署名

のシステムと暗号資産のシステムでは，何を信頼するかがそもそも異なっているといえる。お金そのものが信頼となっている暗号資産では PKI が不要であるが，ブロックチェーンに記録されたデータの所有者の信頼に基づく非金融データでは一般のディジタル署名のシステムと何ら変わらず，基本的に PKI が必要になることに注意する。

 ## 12.7 オラクル問題

　暗号資産はブロックチェーン内で閉じている。つまり，暗号資産はブロックチェーン内で新たに生成され，ブロックチェーン外の資産をブロックチェーン内に入れることはしない。一方，非金融データでは，ブロックチェーン外のデータやプログラムをブロックチェーン内に入れて使用する。例えば，ユーザ A が solidity で記載したコントラクトをブロックチェーンに配置し，ユーザ B がこのコントラクトを使用するといった具合である。しかし，ブロックチェーンに格納される外部データの正当性については何も保証されていない。著者らの調査によると，イーサリアムブロックチェーンには数多くの違法コンテンツや不正プログラムが格納されていることが明らかになっている[5]。これはブロックチェーンの**オラクル問題**と関係が深い。ここでいうオラクルとは，ブロックチェーン外のデータをブロックチェーンに送信するエンティティのことを指す。ブロックチェーンでは，オラクルを信用することが前提となっている。例えば，ブロックチェーンシステムが外側にある何らかのデータを使用する場合，外側のデータの正しさを判定する機構がないため，そのデータを正しいものとして扱う。

 ## 12.8 ブロックチェーンの耐改ざん性

　ブロックチェーンのセキュリティを確保するための暗号技術として，ディジタル署名と暗号学的ハッシュ関数がある。暗号化する平文や署名するメッセー

ジの内容の正当性が問われないのと同様に，オラクルによって生成されるデータの内容の正当性も問われない。データが正当であるという前提のもと，ブロックチェーンに格納されるまでのトランザクションデータの耐改ざん性はディジタル署名によって保証され，ブロックチェーンに格納された後のトランザクションデータの耐改ざん性は暗号学的なハッシュ関数によって保証される。つまり，耐改ざん性は二段階で達成されているといえる。

　ブロックチェーン内にあるトランザクションデータの耐改ざん性が暗号学的ハッシュ関数のみで守られているということは，秘密鍵の管理が不要であるという大きな利点を生む。極端な話，トランザクションデータをブロックチェーン内に格納した後，そのトランザクションに対する署名の秘密鍵が漏えいしたとしても，トランザクションそのものを改ざんすることができないため，格納されているトランザクションに対しては秘密鍵漏えいの影響がほとんどないといえる。ただし，秘密鍵が漏えいした後に署名が偽造されるリスクはあることに注意が必要である。また，暗号学的ハッシュ関数は耐量子暗号技術でもあることから，ブロックチェーン内のデータは量子コンピュータに耐性をもつともいえる。

 ## 12.9　実験 H：暗号資産 NEM の追跡

　コインチェック社が暗号資産 NEM の盗難に遭い，その資産が数多くのウォレットに分散された。では，なぜ犯人はこのような拡散を行ったのかを考察する。
　実験 H では，NEM の流出経路を抽出する実験を行う。NEM には**スーパーノード**と呼ばれるある程度信頼できるノードが存在する。このスーパーノードを利用して NEM のブロックチェーンを取得し，資産の流れを抽出する簡単な Python プログラムを実装して実行することで，盗難 NEM 流出経路を追跡する体験をする。今回は，犯人の最初のアドレス「NC4C…」からの拡散を追跡することで資産の分散程度を知り，多くの時間を要することから追跡の困難性を学ぶ。なお，犯人の代表的な九つのアドレスから送金が行われた 2018 年 3 月

21 日までの送金を対象とする。簡単のため，流出経路がループになるものは
ここでは対象外とした。

[具体的な実験手順]

1.　犯人の最初のアドレス「NC4C…」と NEM のスーパーノード[†]を設定する。
2.　下記のコード例にある Python プログラムを実行して，n ホップ先の疑わしいア
　　ドレスをリストアップする。
3.　n ホップ先までの分散数の推移を表示する。

[実験結果について]

本実験により，犯人の最初のアドレス「NC4C…」から 32 個のアドレスに分散され，
さらにそのアドレスから 95 個のアドレスに分散され，3 ホップ先では 368 個のアド
レスに分散されていたことがわかる。また，一般的な PC（CPU：インテル Core i5/
1.6 GHz/4 コア，メモリ容量：8 GB）を用いて，1 ホップ先のアドレスの追跡に 1 秒
程度，2 ホップ先のアドレスの追跡に 10 秒程度，3 ホップ先のアドレスの追跡に 60
秒程度と指数関数的に追跡時間が増大していることもわかる。つまり，何ホップに
もまたがって送金が拡散された場合，受け取ったアドレスの追跡に膨大な時間がか
かることになる。ただし，本プログラムの制約上，一つのアドレスからの送金につ
いては最大 100 個のトランザクションを対象としている。なお，下記サンプルコー
ドは 3 ホップ先までの場合（n＝3）を示している。

[コード例]

```python
import requests
import time

def track_nem(hop, first_block, last_block, url, first_
address):
  # 受信者リストの連想配列（key：ホップ数，value：受信アドレスリスト）
  loops={'0': [first_address]}
  recipient=[]
  for i in range(hop):
    for item in loops[str(i)]:
      time.sleep(0.2)
      res = requests.get(url+'?address='+item+'&pageSi
      ze=100').json()
      if(len(res["data"])==0 or "data" not in res):
        continue
```

---

†　https://supernodes.nem.io

```
      for r in res["data"]:
        # 検索範囲外ならスキップ
        if(r["meta"]["height"]>last_block or r["meta"]
        ["height"]<first_block):
          continue
        # 送金トランザクションからアドレス取得
        if(r["transaction"]["type"]==257 and "recipient" in
        r["transaction"]):
          recipient.append(r["transaction"]["recipient"])
      # アドレスの重複削除
      recipient = sorted(set(recipient), key=recipient.index)
      loops[str(i+1)]=recipient.copy()
      # 前のホップまでに一度リクエストしたアドレスは今回のホップのリクエスト
      # 対象から外す（ループは除外）
      for j in range(i+1):
        loops[str(i+1)] = list(set(loops[str(i+1)]) - set(loops
        [str(j)]))
      print('address数 :'+str(len(loops[str(i+1)])))
      print(loops[str(i+1)])

def main():
  n=3   # 表示するホップ数
  first_block=1475043   # 検索範囲の最初のブロック
  last_block=1553596   # 検索範囲の最後のブロック（2018/3/21）
  first_address="NC4C6PSUW5CLTDT5SXAGJDQJGZNESKFK5MCN77OG"
  # 追跡開始アドレス
  url="(スーパーノードのURL)"
  track_nem(n, first_block, last_block, url, first_address)

if __name__=='__main__':
  main()
```

引用・参考文献

1) Eyal, I., Sirer, E.G.: Majority Is Not Enough: Bitcoin Mining Is Vulnerable, FC2014 : Financial Cryptography and Data Security, pp.436～454（2014）

2) 佐藤哲平，今村光良，面和成：コインチェック事件における流出NEMの追跡に関する実態調査，信学技報，**118**，30，pp.35～41（2018）

3) Reid, F. and Harrigan, M.: An Analysis of Anonymity in the Bitcoin System, 2011 IEEE International Conference on Privacy, Security, Risk, and Trust, and IEEE International Conference on Social Computing, pp.1318～1326（2011）

4) Ron, D. and Shamir, A.: Quantitative Analysis of the Full Bitcoin Transaction Graph, FC 2013 : Financial Crytography and Data Security, pp.6~24 (2013)

5) Sato, T., Imamura, M. and Omote, K.: Threat Analysis of Poisoning Attack against Ethereum Blockchain, WISTP 2019 : Information Security Theory and Practice, pp.139~154 (2019)

索　　　引

―― 著 者 略 歴 ――

1997 年　大阪府立大学工学部機械システム工学科卒業
2002 年　北陸先端科学技術大学院大学情報科学研究科博士課程修了（情報システム学専攻）
　　　　　博士（情報科学）
2002 年　株式会社富士通研究所セキュアコンピューティング研究部研究員
2011 年　北陸先端科学技術大学院大学情報科学研究科准教授
2016 年　筑波大学システム情報系准教授
　　　　　現在に至る

入門 サイバーセキュリティ　理論と実験
～ 暗号技術・ネットワークセキュリティ・
　　ブロックチェーンから Python 実験まで ～
Introduction to Cybersecurity　Theory and Experiment　　ⓒ Kazumasa Omote 2021

2021 年 3 月 18 日　初版第 1 刷発行
2021 年 8 月 30 日　初版第 2 刷発行　　　　　　　　　　　　　　　　　★

検印省略	著　　者	おもて 面　　　和　　成 かず まさ
	発 行 者	株式会社　コ ロ ナ 社
		代 表 者　牛 来 真 也
	印 刷 所	新 日 本 印 刷 株 式 会 社
	製 本 所	有 限 会 社　愛 千 製 本 所

112-0011　東京都文京区千石 4-46-10
発 行 所　株式会社 コ ロ ナ 社
CORONA PUBLISHING CO., LTD.
Tokyo Japan
振替 00140-8-14844・電話 (03) 3941-3131 (代)
ホームページ　https://www.coronasha.co.jp

ISBN 978-4-339-02917-8　C3055　Printed in Japan　　　　　　（柏原）

情報ネットワーク科学シリーズ

（各巻A5判）

コロナ社創立90周年記念出版 〔創立1927年〕

■電子情報通信学会 監修
■編集委員長　村田正幸
■編 集 委 員　会田雅樹・成瀬　誠・長谷川幹雄

本シリーズは，従来の情報ネットワーク分野における学術基盤では取り扱うことが困難な諸問題，すなわち，大量で多様な端末の収容，ネットワークの大規模化・多様化・複雑化・モバイル化・仮想化，省エネルギーに代表される環境調和性能を含めた物理世界とネットワーク世界の調和，安全性・信頼性の確保などの問題を克服し，今後の情報ネットワークのますますの発展を支えるための学術基盤としての「情報ネットワーク科学」の体系化を目指すものである．

シリーズ構成

定価は本体価格+税です。
定価は変更されることがありますのでご了承下さい。

図書目録進呈◆